U0297952

大探秘之旅
DATANMI ZHILÜ

世界地貌
SHIJIE DIMAO

知识达人◎编著

成都地图出版社

图书在版编目（CIP）数据

世界地貌 / 知识达人编著 . — 成都：成都地图出
版社，2017.1（2021.8 重印）
（大探秘之旅）
ISBN 978-7-5557-0469-0

Ⅰ . ①世… Ⅱ . ①知… Ⅲ . ①地貌－普及读物 Ⅳ .
① P931-49

中国版本图书馆 CIP 核字 (2016) 第 210826 号

大探秘之旅——世界地貌

责任编辑：吴朝香
封面设计：纸上魔方

出版发行：成都地图出版社
地　　址：成都市龙泉驿区建设路 2 号
邮政编码：610100
电　　话：028 - 84884826（营销部）
传　　真：028 - 84884820

印　　刷：固安县云鼎印刷有限公司
（如发现印装质量问题，影响阅读，请与印刷厂商联系调换）

开　　本：710mm×1000mm　1/16
印　　张：8　　　　　　　　字　　数：160 千字
版　　次：2017 年 1 月第 1 版　　印　　次：2021 年 8 月第 4 次印刷
书　　号：ISBN 978-7-5557-0469-0
定　　价：38.00 元

版权所有，翻印必究

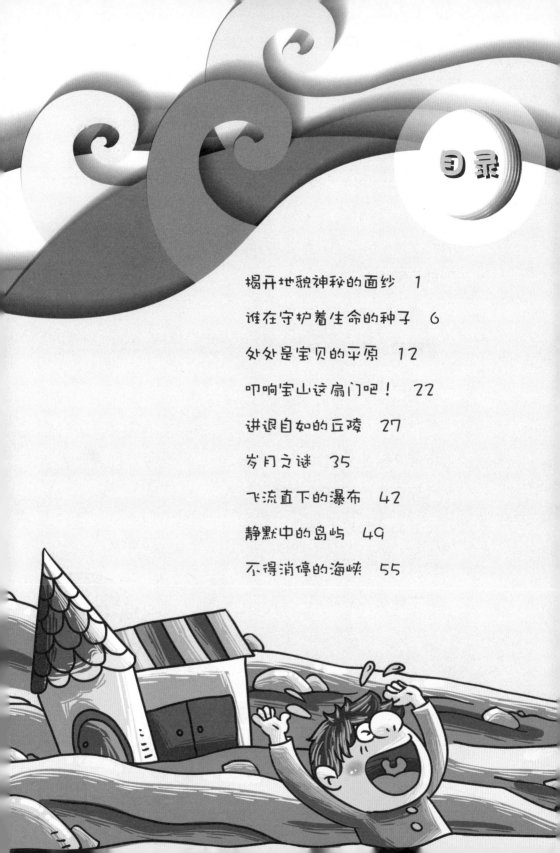

目录

目录

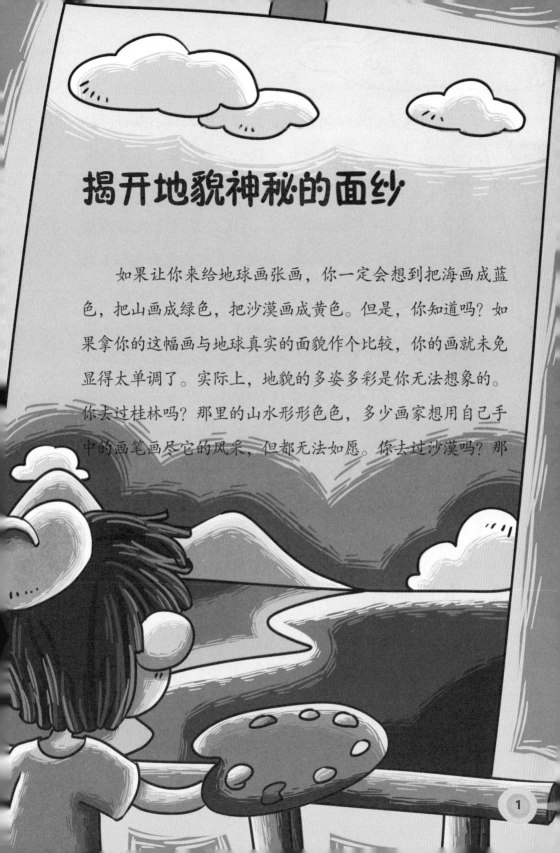

揭开地貌神秘的面纱

  如果让你来给地球画张画，你一定会想到把海画成蓝色，把山画成绿色，把沙漠画成黄色。但是，你知道吗？如果拿你的这幅画与地球真实的面貌作个比较，你的画就未免显得太单调了。实际上，地貌的多姿多彩是你无法想象的。你去过桂林吗？那里的山水形形色色，多少画家想用自己手中的画笔画尽它的风采，但都无法如愿。你去过沙漠吗？那

里的美景也是你的相机拍都拍不过来的。现在，就让我们一起进行一次地貌之旅吧，我保证，神奇的地貌一定会带给你一个又一个惊喜哟！

在参观不同的地貌之前，我们当然得先做些功课。你知道什么是地貌吗？地貌就是地球表面各种不同形态的总称。海底也是地貌的一种哦！地貌的形式多种多样，既包括陆地上的山地、平原、河谷和沙丘，也包括海底的大陆架、大陆坡、深海平原和海底山脉等。地球表面最大的地貌单元有两种，分别是大陆和洋盆。沙垄和沙波则是较小的地貌形态的典型代表，它们是在流水和风力的作用下形成的。

地貌也不是一成不变的，它每时每刻都在发生着变化，因为能够影响到它的因素实在是太多了，刮风、下雨，甚至是我们人类的走动都会影响地貌的变化。影响地貌的因素虽然多，但大都可以分为内力作用的和外力作用两种。

什么是外力作用呢？外力作用就是那些来自地球外部的能量所引起的地质作用，在太阳能和重力的影响下，地球上的大气、水和生物时刻都在发生着变化，并不断地对地表产生风化、侵蚀、搬运、沉积和固结成岩的作用。这种作用形容起来就好比一把刻刀总想把高的山削低，把低的谷填平一样。我们现在所看到的各种地表形态就是各种外力作用协同作战的结果。它们通过多种方式，不断风化、剥蚀、搬运和堆积地壳表层的物质。不过，外力作用虽然很大，但是对地貌影响最大的还是内力作用。

　　什么是内力作用呢？内力作用就是由地球内部的力

量所引起的地质作用。地球自身的放射性元素不断地衰变，产生了大量的热能。因为存在着一定的压力，于是就以地壳运动、岩浆活动和地震等形式表现了出来。地球的内力作用造成了地表的起伏，控制了海陆分布的轮廓和山地、高原、盆地、平原的地域配置，可以说，内力作用决定了地貌的基本构架。你知道吗？总是对我们人类造成很大伤害的地震和火山爆发也是内力作用的结果哦！

地球是我们人类生存的摇篮，是抚育我们的伟大母亲，然而对于这位母亲的样貌，我们的认识一直都很片面。就让我们一同翻开《大探秘之旅：世界地貌》这本书，去好好认识一下我们这位熟悉而又陌生、神秘而又宽厚的母亲吧！

谁在守护着生命的种子

在大陆地貌当中，高原、平原、山地、丘陵和盆地应该算是最基本的地貌。那么什么是高原地貌呢？

海拔比较高，表面比较平坦，面积又很大，这样的高地被人们称为高原。如果拿高原和平原比，高原的海拔自然较高，它通常在1000米以上。如果把它和山地比，高原的表面要平缓得多。

在形成的过程中，高原整体在大面积上升，但远不如山脉那么迅速，它只是匀速而缓慢地上升着，所以非但没有出现像

很多山体那样的褶皱起伏，而且还保持较为平缓的外貌。但是也有特殊的地方，比如说云贵高原，那里在形成后又常年受到流水的溶蚀，反而变得崎岖不平了。我国的高原地貌很丰富，有"世界屋脊"青藏高原、有古朴苍凉的黄土高原、有牛羊成群的内蒙古高原、有风情万种的云贵高原。

世界各地的高原地貌更是各具特色。下面我们就领略一下世界上最大的高原——巴西高原的风貌。巴西高原位于南美洲亚马孙平原和拉普拉塔平原之间，500万平方千米的面积占整个巴西领土面积的一半以上。它的地势向西北倾斜，在东部有山脉，高原的边缘有崖坡和峡谷，还有很多瀑布。

巴西高原既有普通高原的特点，也有自身的特色，比如说海拔普遍在600米到800米之间，起伏平缓，这些都很符合高原的特征。有些地面覆盖了大面积的熔岩，这就很有特色了。巴

西高原上大部分地区都是明显的热带草原气候，雨季时是天然的牧场，旱季时干旱期能达到四五个月。更为有趣的是，在干旱比较严重的地方，竟然生长着一种奇特的植物，那就是巴萨尔木。它怪怪的模样非常像纺锤。更为特别的是，它非常的轻，即使是10米高的纺锤树你也能轻易地举起来，真让人疑惑它的体内到底有多少水分。

看完了巴西高原，再来看看我国的青藏高原。

青藏高原是世界上海拔最高的高原，它的平均海拔超过4000米，但是这还不是它最高的地势，科研人员发现这个世界上最高的高原竟然还处在地质历史时代的婴儿期，它还会继续长高，真不知道青藏高

原打算长到多高才进入成年期。

青藏高原的总面积大约为300万平方千米，真可谓地域辽阔。而这片辽阔的"世界屋脊"独特的人文和自然景观成了人们科研和旅游的胜地。

在青藏高原上的羌塘自然保护区是世界上数得着的特大面积自然保护区。这里还有珠穆朗玛峰保护区，也有为了专门保护热带季雨林的墨脱保护区，有专门为了保护林

芝巴吉的古老巨柏林而设置的保护点；还有为大熊猫、齐马鹿、金丝猴等多种濒危动物专门设立的保护区。

金丝猴、藏羚羊、盘羊、野牦牛、藏野驴、雪豹、羚牛、白唇鹿、梅花鹿……你在电视上见到过动物在这里基本上都有机会见到，这里动物的种类有210种呢！

桫椤、巨柏、长叶松、红豆杉、云杉等珍稀濒危植物，在这里你也可以看到哟，而且这里还是杜鹃花品种最多的地方，被誉为"杜鹃花的王国"。

高原的自然生态系统本身是比较脆弱的，非常容易被外界因素干扰和破坏，所以这里大多数的保护区都是封闭的，各种非法的或是不恰当的经营活动都是不被允许在保护区内进行的。在一些已经开放了的森林公园和保护区中，工作人员也是时刻提醒游人要注意保护生态环境。青藏高原，愿这片守护生命种子的地方永远美丽安详。

处处是宝贝的平原

你知道哪里的土地肥沃，储存的粮食最多吗？如果想知道，就去东北平原。你知道哪里居住着印第安人吗？不妨去一去亚马孙平原。你知道哪里的房屋总是歪歪斜斜盖

不好吗？到西西伯利亚平原看看吧。

平原和高原相比，海拔要低很多，相同的是地面相对都很平坦。就像低桌子和高桌子的区别，它们的表面虽然有些相似，但因为高低不同，接受的阳光雨露多少也不同，它们的样子也就产生了差别。

我国的三大平原分别是东北平原、华北平原和长江中下游平原。东北平原有着肥沃的黑土地，我们吃的大米很多都是这里生产的。华北平原交通很方便，经济很发达。长江中下游平原的河流很多，你想吃虾呀蟹呀，不妨到这里逛一逛。

至于世界上著名的恒河平原、印度河

平原、西西伯利亚平原有什么样的区别，有什么好玩的、好吃的，一时半会儿还真说不完呢。

先说亚马孙平原吧，火星上也有个亚马孙平原，但我们还是先了解一下地球上的亚马孙平原。

亚马孙平原是世界上最大的冲积平原，位于南美洲的亚马孙河的中下游，除一小部分属于其他国家外，大部分都在巴西国内。地势平坦自然是不用说了，海拔多在150米以下。

亚马孙河是世界上流量最大、流经面积最广的河，但长度排在尼罗河的后面，是世界第二长河。就是这条长度

世界排名第二的大河因为支流太多，水太大，造成了亚马孙平原有了很多湖沼，有了很多的热带雨林，这神秘的热带雨林中植物你挤我靠，高高低低竟然生长了十多层。人若进去，会感到阴暗潮湿，而且闷热。就是这样，印第安人却把这里当成了自己的家。

猴子、树懒、蜂鸟、金刚鹦鹉，还有巨大的蝴蝶都盘踞在这里，把这里当成了自己的家。在这个万千生物聚居的地方，蓄积了大量的水，森林里那无数的叶子每天张着嘴巴呼吸着，给地球表层的空气提供氧气，所以说，别看我们离它那么远，我们的空气质量可是受它掌控着哟。这就相当于我们地球的空气宝盒被存放在了亚马孙平原，亚马孙平原的使命太重要了。

可是生活在亚马孙平原的人现在却为了快速致富竟然开始大面积地毁坏森林，他们的过度砍伐导致了那里的土地严重沙化，很多的大灾难也发生了。就说亚马孙平原上的秘鲁吧，在近60年的时间里就爆发了约4000多次大的泥石流，190次滑坡，国家公布的死亡人数竟然高达4万多人。这样触目惊心的数据提醒着我们思考：亚马孙平原明天会是什么样子呢？我们地球的明天会是什么样子呢？看到这里你是否也感到了沉重，想一想我国汶川大地震……真是不敢想象啊！

拥有地球空气宝盒的亚马孙平原竟然会让我们的心变得如此沉重，你一定没想到吧？下面，我们再去看看西西伯利亚平原吧。

西西伯利亚平原在俄罗斯境内，它主要有鄂毕河、额尔齐斯河和叶尼塞河，因为地形平坦，所以河水都流得很缓慢。因为河流的分支很多，每到解冻的时候，上游的水已经解冻，下游却还没有解冻，结果河水就泛滥成灾了。河水泛滥的结果就是出现了大量的沼泽和湿地，而且西西伯利亚平原湖泊众多。什么是沼泽和湿地呢？听过红军过草地的故事吧，人一旦误踩入沼泽，很容易就陷进去。当然沼泽也不是一点儿好处都没有，很多的动植物都是在沼泽和湿地生存的，比如说美丽的丹顶鹤，它可是很喜欢沼泽地的。

西西伯利亚平原地下最大的宝藏就是石油，地面上的宝贝就是那成片的草原和大量的牛羊。想一想就知道西西伯利亚平原有多么地辽阔，更何况还有成片的针叶林，会让人想起美丽的童话世界，美丽的公主是不是流浪到了针叶林，在等待英勇的王子去解救？

因为天气太冷，这里到处是厚厚的冻土层。你知道什么是冻土吗？简单地说，冻土就是泥土被冻住啦！有的地方常年都很冷，所以冻住的土地无法解冻；有的地方

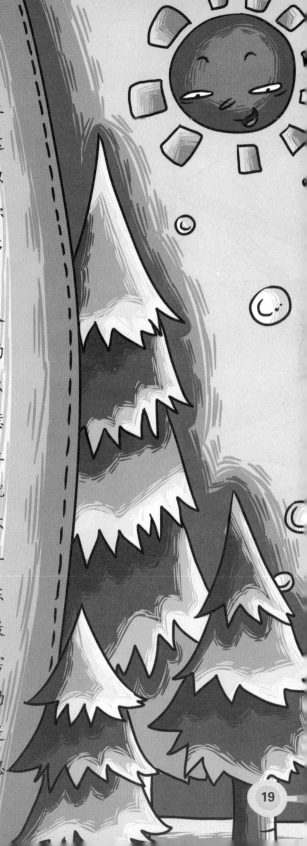

天气稍微晴朗时，冻土就会融化。这里都是这样的土地，所以你可以想象这里有多冷了。你知道最厚的冻土层有多厚吗？一千三百多米！怪不得外地来旅游的人看到村里有歪歪斜斜的木屋时，还不知道怎么回事。原来是冻土层惹的祸。因为表层的冻土一融化，房子的地基就软了，而房子的结构不同，给地面的压力不一样，房屋自然就变得东倒西歪了。这还不是最可怕的事，让人更加害怕的是，卡车的轮胎动不动就会裂开，这也是受冻的结果，太不可思

议了。

　　不过，尽管这里这么冷，依然有很多的游客源源不断地来到这里。因为西伯利亚南部的克拉斯诺亚尔斯克边疆很独特，这里的萨彦石柱群可是世界上独一无二的，突兀的岩石竟然形成了很多令人惊叹的悬崖峭壁。最为奇特的是，这些岩石有的像老人，有的像农妇，有的像金雕，这些奇形怪状的模样引发了人们的好奇心，人们纷纷给它们起了不同的名字，你来到这里说不定还会听到很多传说故事呢。登山运动员和攀岩运动爱好者更是喜欢来这里挑战自己。

丹顶鹤

丹顶鹤是鹤类中的一种，因头顶有一个美丽的"红肉冠"，所以人们为它取了"丹顶鹤"这个名字。丹顶鹤是东亚地区所特有的一类鸟种，是我国的一级保护动物。

丹顶鹤的体态非常地优雅，全身羽毛的颜色也很分明。成年的丹顶鹤，除了颈部和翅膀后端的羽毛是黑色外，其他地方的羽毛都是洁白的。

丹顶鹤主要居住在沼泽和沼泽化的草甸里，是一种杂食性动物，它主要以浅水区里的鱼虾、软体动物以及一些植物的根茎为食。

叩响宝山这扇门吧！

如同高原、盆地一样，山地也是地貌的一个大的分类。

山地的样子变化很大，它们有的成排出现，谁也不挨着谁，就好比各走各的路，遥遥相望；而有的呢，则横七竖八，魔术环一样交错在一起，你包围着我，我包围着他，仿佛在画圈。在不同的地区，山地的规模、大小和高度也各有不同。

如果按山的形成原因划分，山地可以分为褶皱山、断层山、火山和侵蚀

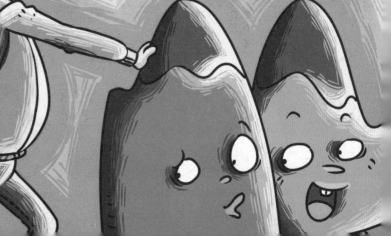

山等好几种。那么，什么叫褶皱山、断层山呢，下面我们就一起细细地了解下吧！

　　先说说什么是褶皱山吧。高山在形成的过程中，地球表面的岩层因为受到水平方向力的挤压，于是向上弯曲，继而拱起，最后就会形成褶皱，这样形成的山就叫作褶皱山。褶皱山往往沿褶皱的方向延伸。你还记得《题西林壁》中的那句"横看成岭侧成峰"吗？这其中的"岭"字指的就是平行分布的山峰。如果你曾去过很多山区，你可能还会发现一个问题：山的背脊为什么总是呈现"之"字的模样呢？告诉你吧，这和山体在拱出地面时的"挣扎"有关。想想看，如果突然间受到了别人的攻击，你会怎样呢。你可能会回答躲

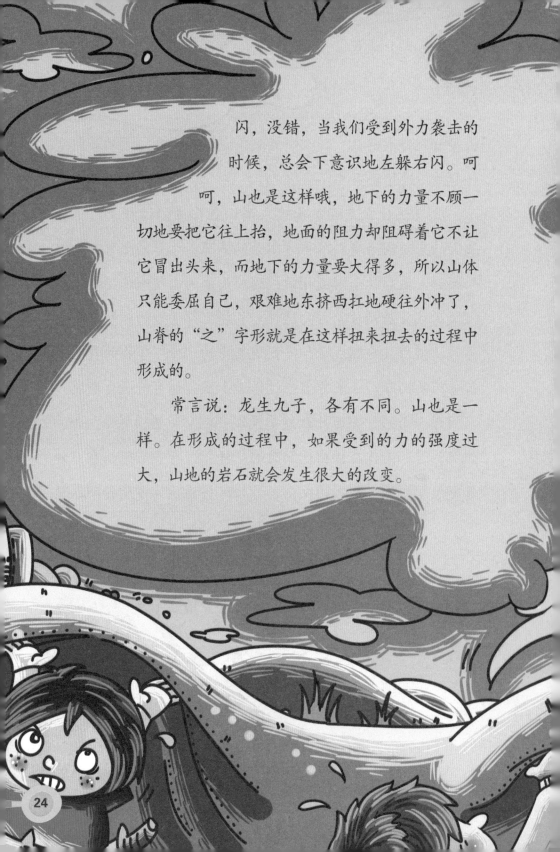

闪，没错，当我们受到外力袭击的时候，总会下意识地左躲右闪。呵呵，山也是这样哦，地下的力量不顾一切地要把它往上抬，地面的阻力却阻碍着它不让它冒出头来，而地下的力量要大得多，所以山体只能委屈自己，艰难地东挤西扛地硬往外冲了，山脊的"之"字形就是在这样扭来扭去的过程中形成的。

常言说：龙生九子，各有不同。山也是一样。在形成的过程中，如果受到的力的强度过大，山地的岩石就会发生很大的改变。

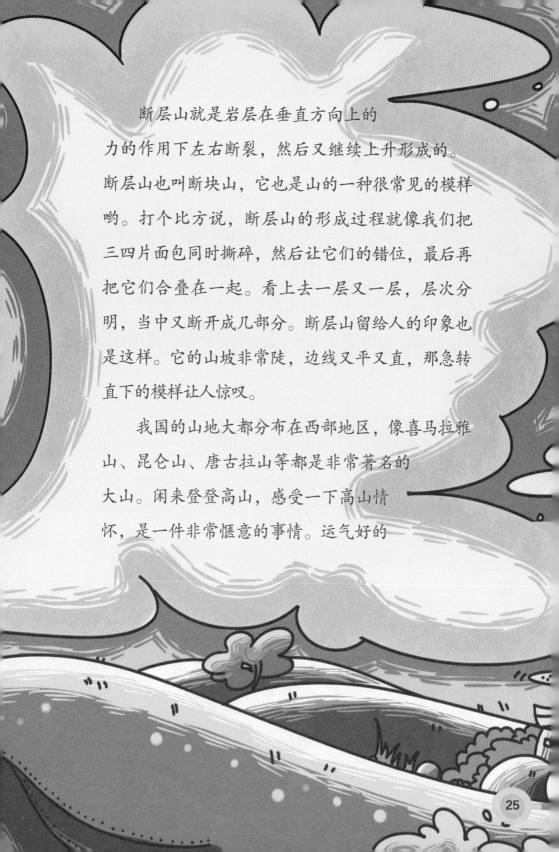

　　断层山就是岩层在垂直方向上的力的作用下左右断裂，然后又继续上升形成的。断层山也叫断块山，它也是山的一种很常见的模样哟。打个比方说，断层山的形成过程就像我们把三四片面包同时撕碎，然后让它们的错位，最后再把它们合叠在一起。看上去一层又一层，层次分明，当中又断开成几部分。断层山留给人的印象也是这样。它的山坡非常陡，边线又平又直，那急转直下的模样让人惊叹。

　　我国的山地大都分布在西部地区，像喜马拉雅山、昆仑山、唐古拉山等都是非常著名的大山。闲来登登高山，感受一下高山情怀，是一件非常惬意的事情。运气好的话，说不定你还会在那里发现宝藏呢！

想知道褶皱山的模样吗？那就去看看喜马拉雅山吧！想了解断层山长什么样子吗？去看看庐山吧！你说什么？你想知道褶皱和断层交错而成的山是什么样子？哈哈，那你去看看天山好啦！

山地的面纱可不是一下子就能揭开的，还等什么呢，快快叩响宝山这扇门吧！

进退自如的丘陵

什么叫作丘陵呢？与山相比，它要矮小得多，坡度也平缓得多。与平原相比，它又有些隆起，起起伏伏，连绵不断。

在生活当中，人们已经习惯把山地、丘陵和比较崎岖的高原一起称为山区。丘陵在陆地上的分布非常广。无论是在山地、高原，还是在平原的过渡地带，都有丘陵的存在。你看，丘陵多像一个善于交际的人啊！得势的时候，它就把自己的地位抬升一下，一抹脸将自己变成高山的一部分；如果不小心受到委屈或排挤，比如说风雨的欺负，它就立刻土崩瓦解，化身为平地或盆地的一部分！所以说，丘陵的生存地带非常广，它时刻准备变身为高山或盆地，进退得相当自如呢！

正因为这样，丘陵的定义就显得有些模糊。在比较平

坦的地方，只要高度差为50米就可以被称为丘陵。然而在山地附近，高度差却必须在100米甚至200米以上，才可以被称为丘陵。

人们总喜欢在丘陵上因地制宜地种植各种农作物，这些农作物五颜六色，层层叠叠，大大小小，面积不等，好看极了！如果种上各种果树，那更是多姿多彩。

我国的丘陵主要有辽西丘陵、淮阳丘陵和江南丘陵等。今天，我们先了解一下江南丘陵。

江南丘陵风景如画，各个大大小小的丘陵如同大雁排队般排列在许多山地和盆地中间。这里分布着雪峰山、九岭山、武功山、九华山、黄山、怀玉山等，有山的地方自然就

有丘陵了。这里的植被主要是亚热带常绿阔叶林，勤劳的人们在一座座丘陵上又点缀了水稻、棉花、苎麻、甘薯等农作物。你想象一下就会知道，那是多漂亮的一幅场景。除了这些美丽的植物，那里的土壤也非常漂亮。它们都是有颜色的，红的、黄的，分外亮眼。

江南的丘陵大部分都是红层丘陵。你知道为什么叫红层丘陵吗？原来它的土层岩石是红色的！我们在前面已经说过，丘陵特别擅长变身，这里的红层丘陵在水的不断冲刷下，还会形成非常有名的"丹霞"地貌，那可是震惊海内外

的美景哟！

下面，我们再来认识一下浙闽丘陵吧！

浙闽丘陵位于武夷山、仙霞岭和会稽山的东面，这里山多，丘陵也多。从地貌图上，我们可以很明显地看到，这些丘陵自然地分成了两列，就像有人安排它们排队似的。第一列丘陵点缀在武夷山、仙霞岭和会稽山这些山脉之间，很是小巧可爱。你看过山水画吗？想想看，这样绵延万里的山和丘陵，该有多壮观呀！第二列丘陵沿博平岭、戴云山、洞宫山、括苍山和天台山分布，气势更加宏大壮观。这一列山岭向东发展成了沿海丘陵和台地，在这些丘陵和山脉的当中，又穿插了很多河谷盆地和海积平原。所以，不懂地形的将军在这里打仗可是很难取胜的哟，因为它的地形实在是太复

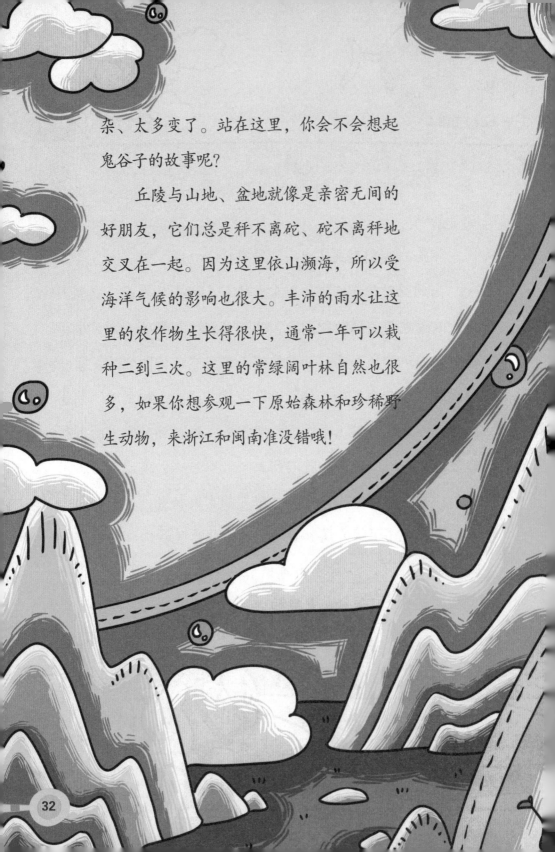

杂、太多变了。站在这里，你会不会想起鬼谷子的故事呢？

丘陵与山地、盆地就像是亲密无间的好朋友，它们总是秤不离砣、砣不离秤地交叉在一起。因为这里依山濒海，所以受海洋气候的影响也很大。丰沛的雨水让这里的农作物生长得很快，通常一年可以栽种二到三次。这里的常绿阔叶林自然也很多，如果你想参观一下原始森林和珍稀野生动物，来浙江和闽南准没错哦！

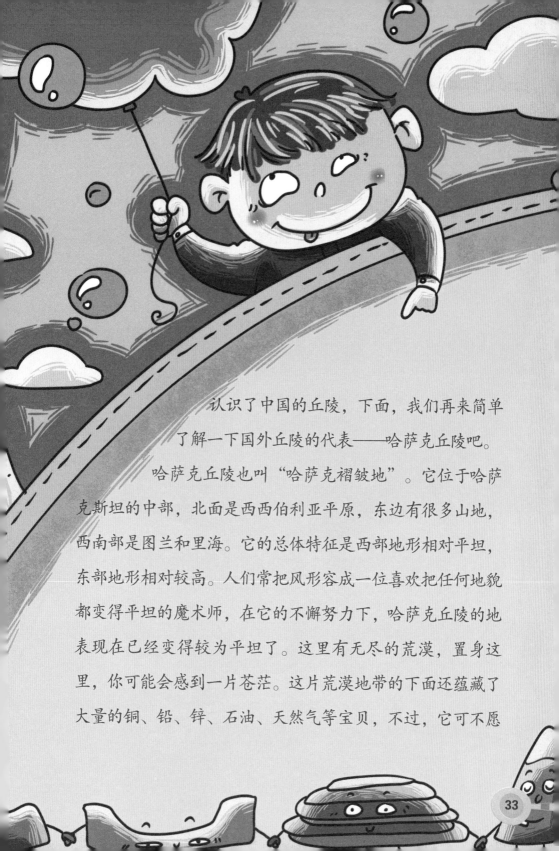

认识了中国的丘陵，下面，我们再来简单了解一下国外丘陵的代表——哈萨克丘陵吧。

哈萨克丘陵也叫"哈萨克褶皱地"。它位于哈萨克斯坦的中部，北面是西西伯利亚平原，东边有很多山地，西南部是图兰和里海。它的总体特征是西部地形相对平坦，东部地形相对较高。人们常把风形容成一位喜欢把任何地貌都变得平坦的魔术师，在它的不懈努力下，哈萨克丘陵的地表现在已经变得较为平坦了。这里有无尽的荒漠，置身这里，你可能会感到一片苍茫。这片荒漠地带的下面还蕴藏了大量的铜、铅、锌、石油、天然气等宝贝，不过，它可不愿

意一下子就被掏空，只有遇到了有缘的人，才会送上一点。

丘陵的分布面实在是太广了，各处丘陵的形成都与当地的气候和地质有着分不开的关系。总之，我们人类要想更好地利用丘陵，就应该先好好地认识它、保护它。

岁月之谜

　　一直以来，人们在认识自然的过程中，总怀有一种困惑。恐龙为什么会大面积灭绝？大洋是如何形成的？山脉为什么会上升？盆地为什么会下陷？有人曾用一种理论对这些问题做了回答，认为那是外来小行星撞击的结果，并且相信具体的撞击位置就在我国的塔里木盆地。我们无法证实这种理论的真伪，只能权当在科学的探讨间饮用了一杯多味的果茶来提神。

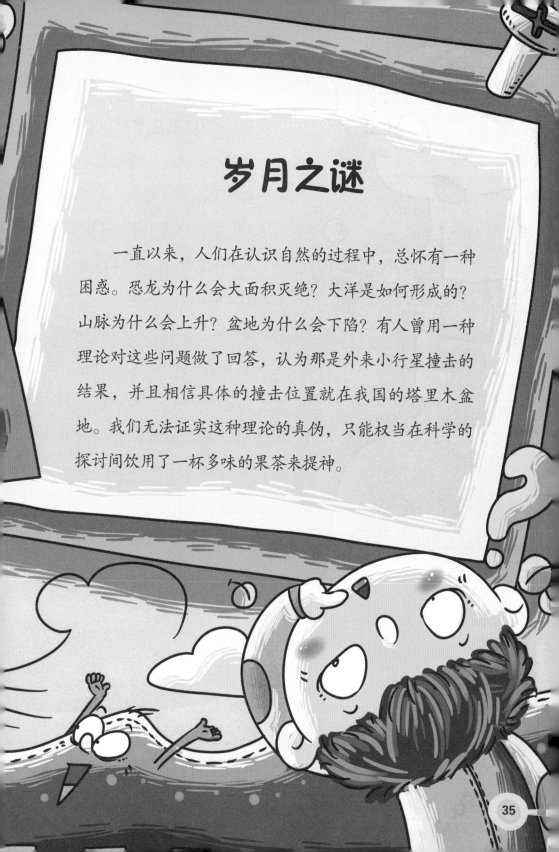

盆地的特征就是中间很低很平，四周却比较高，看起来就像一个盆。盆地有大有小，大的可以达到几百万平方千米，小的甚至不足一平方千米。盆地的四周不是山地就是高原，中间不是平原就是丘陵。

刚果盆地是世界上面积最大的盆地，刚果河在这块盆地上常年地流淌着。在很久以前，这里原本是一个湖，后来，湖水流失了，这里才变成了盆地。刚果盆地的气候一般比较热，到处都是茂密的森林，动物和矿产也非常多。

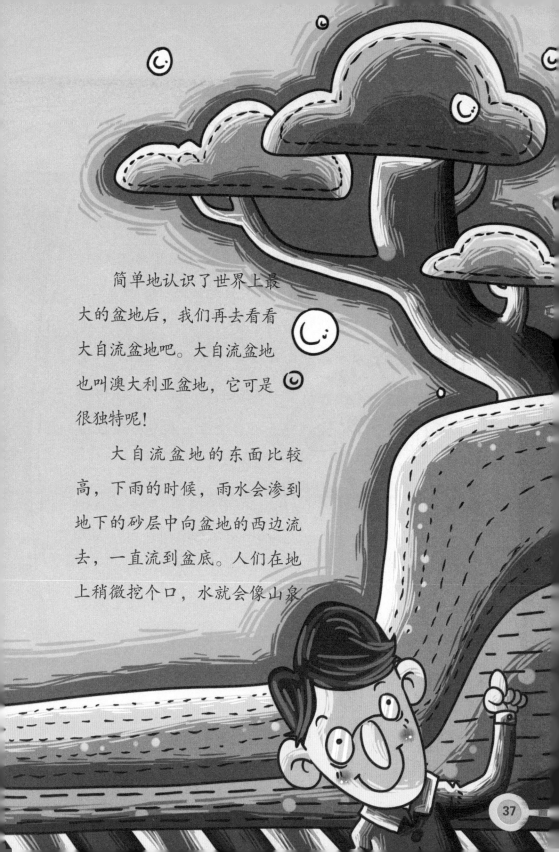

简单地认识了世界上最大的盆地后，我们再去看看大自流盆地吧。大自流盆地也叫澳大利亚盆地，它可是很独特呢！

大自流盆地的东面比较高，下雨的时候，雨水会渗到地下的砂层中向盆地的西边流去，一直流到盆底。人们在地上稍微挖个口，水就会像山泉

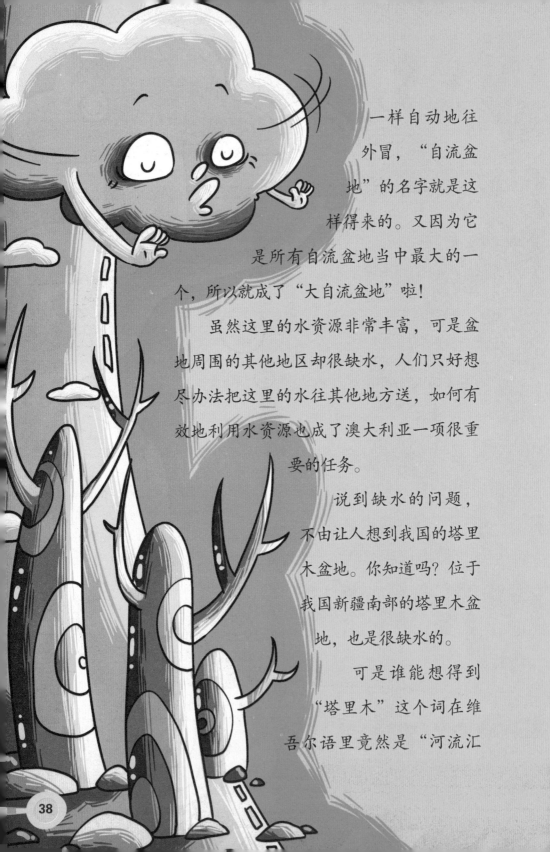

一样自动地往外冒，"自流盆地"的名字就是这样得来的。又因为它是所有自流盆地当中最大的一个，所以就成了"大自流盆地"啦！

虽然这里的水资源非常丰富，可是盆地周围的其他地区却很缺水，人们只好想尽办法把这里的水往其他地方送，如何有效地利用水资源也成了澳大利亚一项很重要的任务。

说到缺水的问题，不由让人想到我国的塔里木盆地。你知道吗？位于我国新疆南部的塔里木盆地，也是很缺水的。

可是谁能想得到"塔里木"这个词在维吾尔语里竟然是"河流汇

集"的意思呢？以前，喀什噶尔河和渭干河都是在这里汇聚到塔里木河的，可是现在，这两条河却经常出现断流现象，这些河中都没水了，地貌自然也随之发生了很大的变化，人们的生活方式也不得不随之改变。由于断流，塔里木的气候越来越干燥，每年下的雨也越来越少，人们是多么希望这里的河水能够像以前一样多啊。

塔里木究竟为什么会这么干旱呢？喀什噶尔河和渭干河的河水又为什么会变少呢？对此，科学家们研究了很多年，得出的结论却各不相同。

有些科学家说，塔里木盆地当中的沙漠其实不是由于干旱造成的。不是干旱造成的，那是怎么一回事呢？这可真是太让人好奇了！原来，这些科学家认为，塔里木盆地是在地球遭到了小行星的撞击后才形成的。我们无法证实这种观点是不是正确，但有一点可以肯定，如果真发生了一次那样的撞击的话，地球上的生物肯定会面临一场灭顶之灾，这也就能够解释那么多强大的恐龙为什么会灭绝了。种种猜测也让人们更加好奇，更加关注塔里木盆地了。

塔里木盆地的中心是一片辽阔的沙漠，往外扩展是冲积平原和绿洲。整个盆地就像一个巨大的橄榄球，这还真像一个外星人在宇宙中把小行星当球玩，一不小心用的力气太大

了，就把自己手里的小行星投到了地球上，结果砸出这么一个橄榄球大小的大坑。而橄榄球样的小行星跑哪儿去了呢？也许它和塔里木盆地的土层岩层合为一体了吧。当然，这只是一个比喻和猜测，有兴趣的话你可以继续研究，说不定你的答案会更精彩呢。

现在的塔里木尽管有很多的资源，但它的沙漠化仍然让人头疼，这里的人真的是非常需要科学家能多为他们想出一些点子来解决这个难题。

盆地的形成原因，因为岁月的流逝已经成了一个彻底的谜，可无论是哪一种学说都需要我们自己去探索、去论证才知道真假。科学之旅无坦途，大家一起努力吧。

飞流直下的瀑布

人们在形容庐山的瀑布时常说"飞流直下三千尺"，但是比起兰溪瀑布或是安赫尔瀑布来，它其实并不高。

安赫尔瀑布位于南美洲委内瑞拉的丘伦河上，人们也叫它天使瀑布。在很早以前，探险家安赫尔来到委内瑞拉找黄金，没想到，黄金没找到，却意外地发现了一个很高的瀑布。人们后来考证发现，这条瀑布竟然还是南美洲最高

的瀑布，我们可以想见安赫尔当时

有多惊喜了，那感觉一定不亚于找到满山的黄金。后

来，人们为了纪念他，就把这条瀑布命名为安赫尔瀑

布。想想看，就算找到金子，也不一定能让历史记住

自己，在这一点上，安赫尔显然是很幸运的。

安赫尔瀑布从笔直的陡壁垂直落下，足足有900

多米高，这个高度是黄果树瀑布的十多倍呢！如果你

想亲眼看看它雄伟壮阔的样子，那只能等到雨季才能

去，去的时候还必须乘船才能到达它的底部，因为瀑

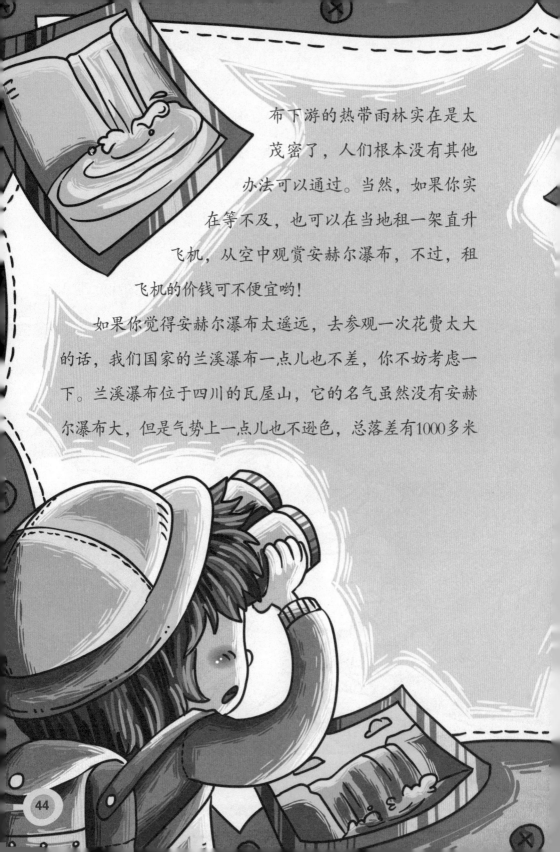

布下游的热带雨林实在是太茂密了，人们根本没有其他办法可以通过。当然，如果你实在等不及，也可以在当地租一架直升飞机，从空中观赏安赫尔瀑布，不过，租飞机的价钱可不便宜哟！

如果你觉得安赫尔瀑布太遥远，去参观一次花费太大的话，我们国家的兰溪瀑布一点儿也不差，你不妨考虑一下。兰溪瀑布位于四川的瓦屋山，它的名气虽然没有安赫尔瀑布大，但是气势上一点儿也不逊色，总落差有1000多米

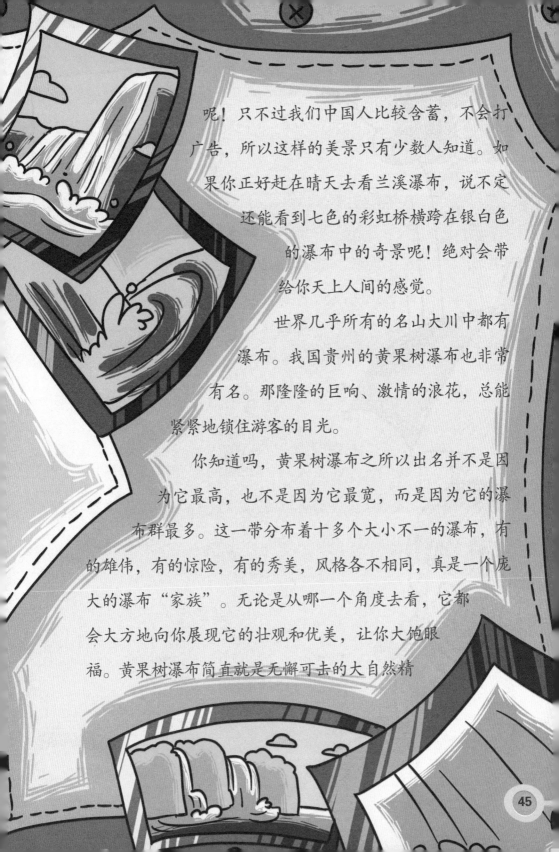

呢！只不过我们中国人比较含蓄，不会打广告，所以这样的美景只有少数人知道。如果你正好赶在晴天去看兰溪瀑布，说不定还能看到七色的彩虹桥横跨在银白色的瀑布中的奇景呢！绝对会带给你天上人间的感觉。

世界几乎所有的名山大川中都有瀑布。我国贵州的黄果树瀑布也非常有名。那隆隆的巨响、激情的浪花，总能紧紧地锁住游客的目光。

你知道吗，黄果树瀑布之所以出名并不是因为它最高，也不是因为它最宽，而是因为它的瀑布群最多。这一带分布着十多个大小不一的瀑布，有的雄伟，有的惊险，有的秀美，风格各不相同，真是一个庞大的瀑布"家族"。无论是从哪一个角度去看，它都会大方地向你展现它的壮观和优美，让你大饱眼福。黄果树瀑布简直就是无懈可击的大自然精

品瀑布，怪不得它会被列入世界吉尼斯纪录呢。水帘洞也是这里的一处景观，你想从里面或是外面听一听、看一看、摸一摸都可以。

说到水帘洞，不知这里是不是花果山的原型，如果孙悟空到了此处，说不定也会把这里据为己有。这样的美景山川，谁又愿意离开呢？又或者，吴承恩在构思小说的时候也来过这里呢！

那么，这些荡涤天地的瀑布

又是如何形成的呢？

简单地说，瀑布就是一条翻过了悬崖峭壁的河流。这样理解虽然不够全面，也不够准确，但是比较直观。例如，尼亚加拉瀑布就是这样形成的。尼亚加拉河水在翻过岩壁后，一下子直直地奔落到了下面的大水池内，冲击的水浪又不停歇地侵蚀下面的岩石，导致岩石不断崩落，使悬崖变得更加陡峭。

此外，瀑布还有其他几个种类，其中有一种叫作火山瀑布，我国的黄石瀑布就属于这种类型。除此之外，还有冰川瀑布、高原瀑布等。它们的主要区别就在于形成原因不同。

　　无论是大瀑布还是小瀑布，是火山瀑布还是冰川瀑布，其实它们没有一天不在改变着自己，它周围的地貌也在随之悄悄地改变着。所以说，这些瀑布也有消亡的可能，说不定今天在原来的地方消失了，明天又会在新的地方形成，这是不是很神奇呢？

中国十大最美瀑布

我国落差最大的瀑布——大龙湫瀑布
最柔美的瀑布——银练坠瀑布
最细腻的瀑布——流沙瀑布
最洁净的瀑布群——九寨沟瀑布
最大的火山瀑布——镜泊湖瀑布
世界第一黄色瀑布——壶口瀑布
亚洲最大的跨国瀑布——德天瀑布
白水河上最雄浑瑰丽的乐章——黄果树瀑布
最诗意的瀑布——庐山瀑布
最壮美的瀑布群——罗平九龙瀑布群

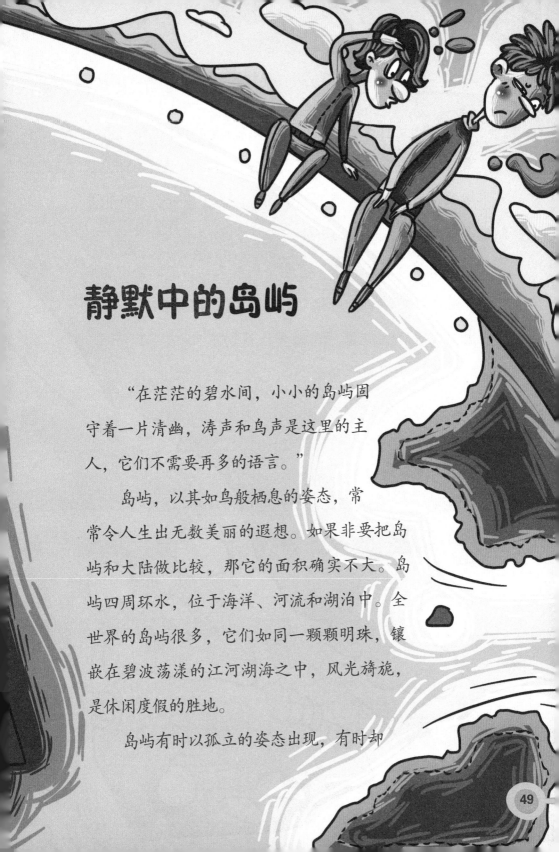

静默中的岛屿

"在茫茫的碧水间，小小的岛屿固守着一片清幽，涛声和鸟声是这里的主人，它们不需要再多的语言。"

岛屿，以其如鸟般栖息的姿态，常常令人生出无数美丽的遐想。如果非要把岛屿和大陆做比较，那它的面积确实不大。岛屿四周环水，位于海洋、河流和湖泊中。全世界的岛屿很多，它们如同一颗颗明珠，镶嵌在碧波荡漾的江河湖海之中，风光旖旎，是休闲度假的胜地。

岛屿有时以孤立的姿态出现，有时却

又成群结队地分布或延伸，人们常把后者称为群岛或列岛。

那么，这些岛屿是如何形成的呢？告诉你吧，有的岛屿是水搬运作用的结果，有的是从陆地分离出来的，有的则竟然是海底火山喷发造成的。

在烟波浩淼的海洋中，有些岛屿本来是与大陆紧密相连的。但是，在地球自身的运动作用下，大陆边缘的这一部分和大陆分开了，就像一块大蛋糕被切下了一小部分一样。这些被分割的部分就变成了与大陆遥遥相望的岛屿，我国的台湾岛、非洲的马达加斯加岛等都是这样形成的。不过，也有的海岛不是这样形成的，它们的

形成原因更为复杂一些。

　　地球一直有着变暖的趋势，冰山在不断地融化，整个海洋的水增加了，海面自然也升高了。在这种情况下，大陆边上低的部分逐步被淹没，而没有被淹没的高地则变成了岛屿。北冰洋岛屿就是这样形成的，受海平面高低变化的影响，这些岛屿也在不停地变化着。由此可见，许多岛屿并不是面积变小了，而是海平面增高了。

还有很多岛屿，它们并不是陆地的一部分，而是由深藏在海底的火山爆发时喷出的岩浆堆积形成的，这种岛屿叫作火山岛，太平洋中的夏威夷群岛就是典型的火山岛。

珊瑚岛的形成过程更为奇特。它们是由那些生活在海里的珊瑚虫制造出来的。别看珊瑚虫的个子小，它们的力量可不小哦！它们不断地分泌出石灰质，然后同自己的遗骸凝结在一起，就形成了美丽多姿的珊瑚岛。

另外，在大河入海的地方，河中的泥沙不断地沉淀冲积，还会形成冲积岛。我国长江口的崇明岛就属于这类岛屿。

无论是哪种原因形成的岛屿，当它以相对独立的姿态面对大海时，海水就会造成岛屿生物之间的传播障碍。比如说植物的种子和花粉要靠风的力量从一个岛屿飘到另一个岛屿就很困难，更别说动物的迁徙了，所以很多岛屿就这样被海水隔绝在了一定的范围内，由于岛上的物种无法四处传播和交换，慢慢地，各个岛屿就都保留了自身特有的物种，形成了鲜明的对比。当然，海水也会帮助运输一些植物的种子等，但这个比例实在是太低了。

　　你还记得科幻小说中描绘的那些海中岛屿上的神奇的面包树和牛奶河吗？不少人看到这里

时都觉得十分新奇、有趣。那样的情景虽然有些夸张，但是却很形象地描绘了大陆和岛屿因为长期的分离而造成的物种差异。

有些岛屿上的动物们保留了亚洲动物的特征，而有些岛屿上的动物和植物则明显带有澳洲动植物的特征，于是人们推断，它们可能是从这些位置不同的大陆上分离出来的。人们还发现，在很多大洋型的岛屿上，植物的种类异常稀少，物种也越来越简单化，这可能是海水将这些岛屿与陆地分隔得太过遥远的结果。

不得消停的海峡

  海峡自然离不开海，海峡是非常狭窄的水道，它的两岸连接着大陆或岛屿，两头则连接着海洋。由它四通八达的地理位置可以看出，海峡如同咽喉，紧紧联系着陆地与陆地间的来往、海洋与海洋间的通行，如同一道险要的山口，大有"一夫当关，万夫莫开"之势。

全世界有上千条海峡，它们宽窄不一，长短各异。人们现在知道的世界上最长的海峡是莫桑比克海峡，它位于非洲大陆和马达加斯加岛之间。据地质学家研究，约一亿年前，原本连在一起的马达加斯加岛和非洲大陆因为地壳运动发生断裂，岛的西部不断下沉，最终形成了巨大的鸿沟，又长又宽的海峡也随之形成。

在莫桑比克海峡，海水的表面温度约为20℃，这个温度非常适宜生物的繁衍和生存。这里炎热多雨，盛产龙虾、对虾和海参，

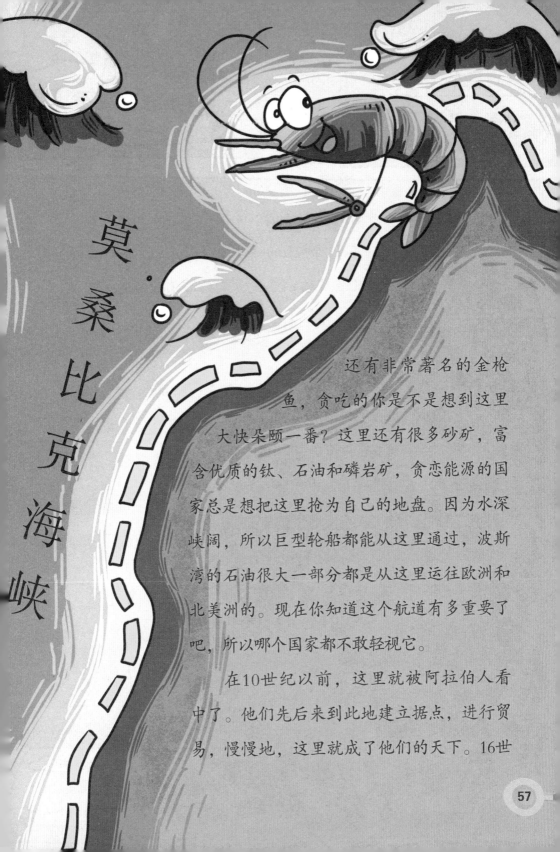

莫桑比克海峡

还有非常著名的金枪鱼，贪吃的你是不是想到这里大快朵颐一番？这里还有很多砂矿，富含优质的钛、石油和磷岩矿，贪恋能源的国家总是想把这里抢为自己的地盘。因为水深峡阔，所以巨型轮船都能从这里通过，波斯湾的石油很大一部分都是从这里运往欧洲和北美洲的。现在你知道这个航道有多重要了吧，所以哪个国家都不敢轻视它。

在10世纪以前，这里就被阿拉伯人看中了。他们先后来到此地建立据点，进行贸易，慢慢地，这里就成了他们的天下。16世

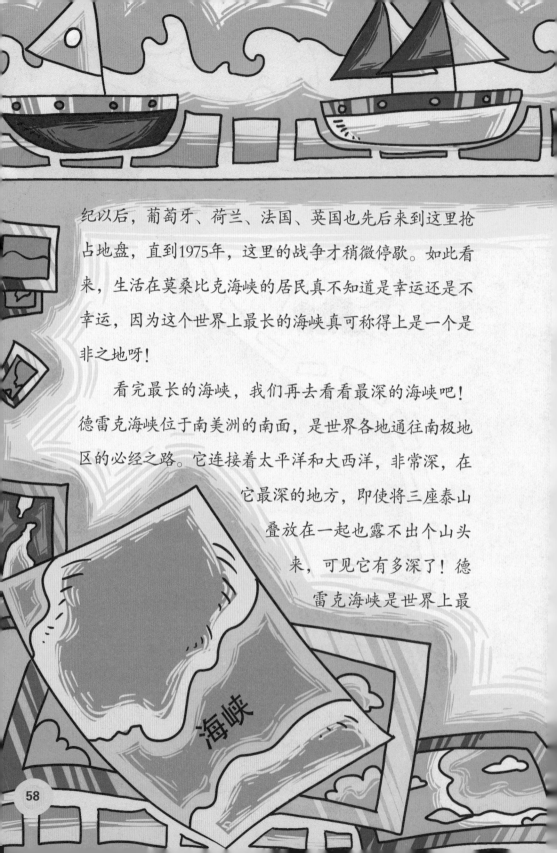

纪以后，葡萄牙、荷兰、法国、英国也先后来到这里抢占地盘，直到1975年，这里的战争才稍微停歇。如此看来，生活在莫桑比克海峡的居民真不知道是幸运还是不幸运，因为这个世界上最长的海峡真可称得上是一个是非之地呀！

看完最长的海峡，我们再去看看最深的海峡吧！德雷克海峡位于南美洲的南面，是世界各地通往南极地区的必经之路。它连接着太平洋和大西洋，非常深，在它最深的地方，即使将三座泰山叠放在一起也露不出个山头来，可见它有多深了！德雷克海峡是世界上最

海峡

深的海峡，因为与南极紧紧相接，所以南极的冰山就成了这里的常客。航行至此处的船只时刻都有被冰山撞沉的危险。如果说莫桑比克海峡长期遭受着人祸，那么德雷克海峡真可谓天灾横行了！

无论是人祸也好，天灾也罢，各处的海峡依然在努力完成着自己的使命。英吉利海峡忙碌着，马六甲海峡也在忙碌着，每年都有成千上万的船只穿梭在这些险要的海峡中，它们一年到头都在承担着各自繁忙的海运工作。所以说，海峡应该算是所有地貌中最为忙碌的了吧？

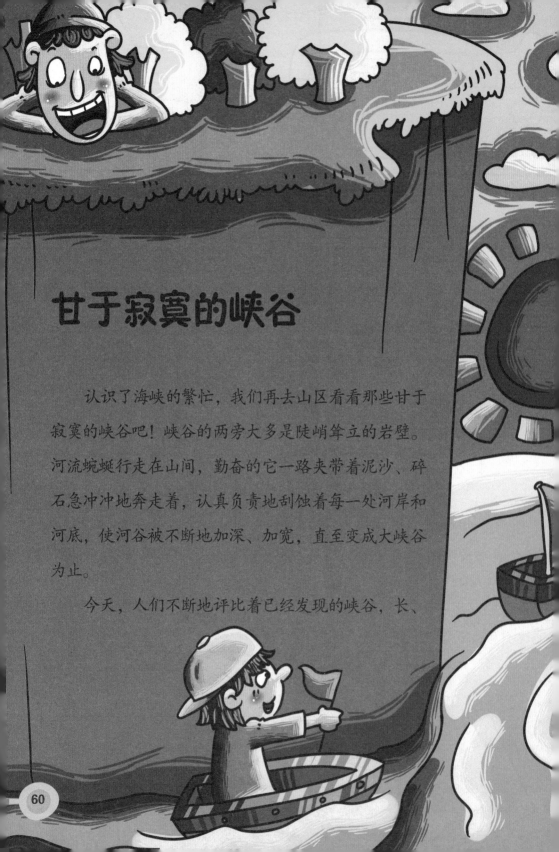

甘于寂寞的峡谷

认识了海峡的繁忙，我们再去山区看看那些甘于寂寞的峡谷吧！峡谷的两旁大多是陡峭耸立的岩壁。河流蜿蜒行走在山间，勤奋的它一路夹带着泥沙、碎石急冲冲地奔走着，认真负责地刮蚀着每一处河岸和河底，使河谷被不断地加深、加宽，直至变成大峡谷为止。

今天，人们不断地评比着已经发现的峡谷，长、

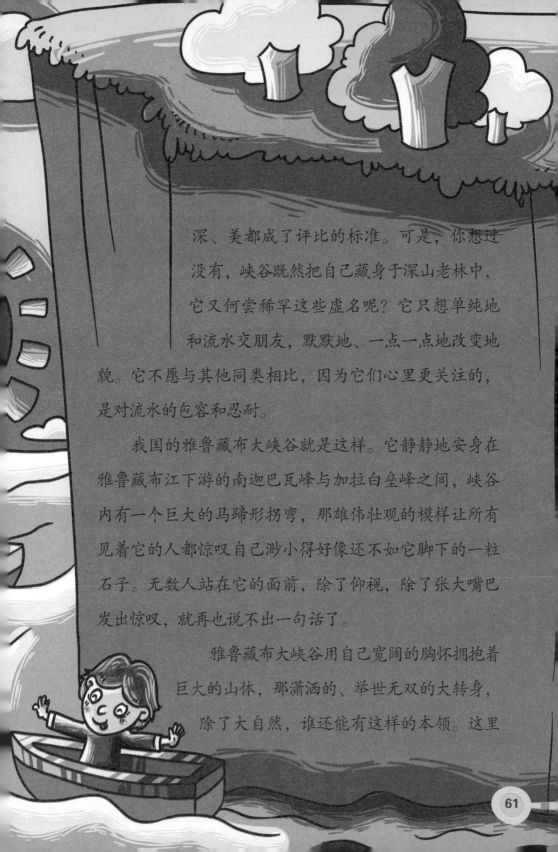

深、美都成了评比的标准。可是，你想过没有，峡谷既然把自己藏身于深山老林中，它又何尝稀罕这些虚名呢？它只想单纯地和流水交朋友，默默地、一点一点地改变地貌。它不愿与其他同类相比，因为它们心里更关注的，是对流水的包容和忍耐。

我国的雅鲁藏布大峡谷就是这样。它静静地安身在雅鲁藏布江下游的南迦巴瓦峰与加拉白垒峰之间，峡谷内有一个巨大的马蹄形拐弯，那雄伟壮观的模样让所有见着它的人都惊叹自己渺小得好像还不如它脚下的一粒石子。无数人站在它的面前，除了仰视，除了张大嘴巴发出惊叹，就再也说不出一句话了。

雅鲁藏布大峡谷用自己宽阔的胸怀拥抱着巨大的山体，那潇洒的、举世无双的大转身，除了大自然，谁还能有这样的本领。这里独特的地势还造就了特殊的生态景观。从高山雪原到热带雨林，多个垂直方向排列的自然带就像彩色飘带一样层层叠叠，又没有一点重复，真是太美了。

如果说雅鲁藏布大峡谷是人类的新宠，那么长江三峡接受人们歌颂的时间可真不短了。"朝辞白帝彩云间，千里江陵一日还。两岸猿声啼不住，轻舟已过万重山。"多少耳熟能详的诗歌、民谣、故事也道不尽三峡的神韵；多少丹青妙手把大峡深谷搬到三尺绢绫成就了佳作；多少著名的古战役选择了这里，让曹操、周瑜的指点江山成了佳话。无疑，三峡地貌有着浓厚的人文气息，至于它如何掌控着我国的经济命脉更是不消多说了。一步十景的三峡从古至今都是令人们迷恋的地方。

　　金沙江虎跳峡也是万千景观中的一景，它位于香格里拉市虎跳峡镇，处于金沙江的上游，全长虽然不是特别长，深度却不浅。它在世界上也是数得上的深峡呢！因为地势险要，险滩遍布，峡内礁石林立，瀑布众多，最为狭窄的地方让人觉得仿佛稍一努力就能跳过去。当然，那距离其实远比我们想象的要宽得多，就让我们通过传说故事去感受一下它的风采吧。

　　相传，在古时候，丽江有位有钱又有势的木老爷，他富贵得不能再富贵了，却有人给他算命说他死

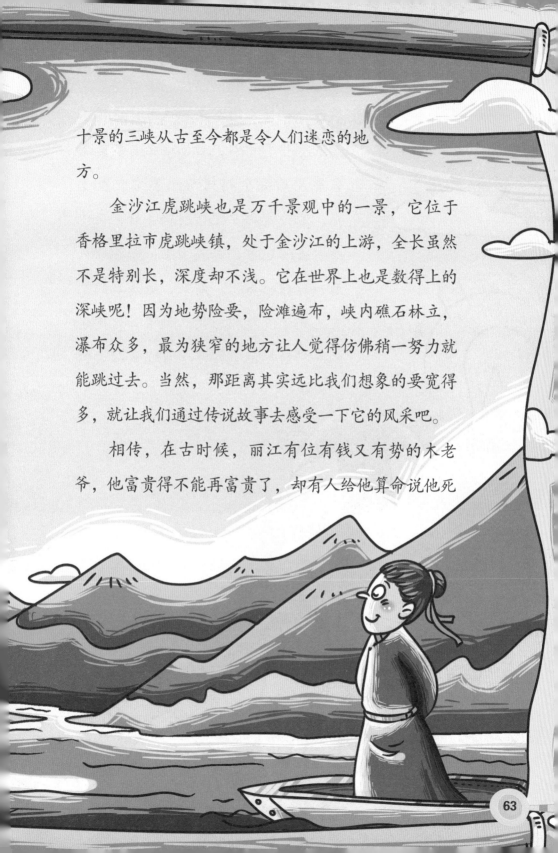

后连个棺材都用不上。这可让这位木老爷有些不甘心，自己这么有钱，怎么能死后连个棺材都用不上呢？于是，他去哪都要把棺材给备好，在他所要去的地方，每隔十里，必然摆放有一口棺材备用。看来，他是真的怕自己死了没有棺材用。做了如此周密的安排后，他觉得终于可以放心大胆

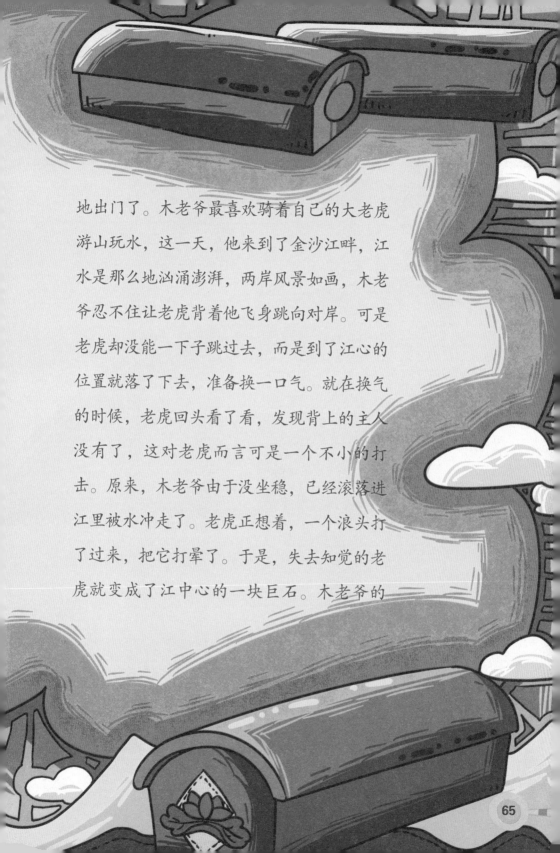

地出门了。木老爷最喜欢骑着自己的大老虎游山玩水，这一天，他来到了金沙江畔，江水是那么地汹涌澎湃，两岸风景如画，木老爷忍不住让老虎背着他飞身跳向对岸。可是老虎却没能一下子跳过去，而是到了江心的位置就落了下去，准备换一口气。就在换气的时候，老虎回头看了看，发现背上的主人没有了，这对老虎而言可是一个不小的打击。原来，木老爷由于没坐稳，已经滚落进江里被水冲走了。老虎正想着，一个浪头打了过来，把它打晕了。于是，失去知觉的老虎就变成了江中心的一块巨石。木老爷的

手下见此情形，急忙打捞木老爷的尸体，可是滚滚的江水下暗礁遍布，谁敢下去呢？因此也只能抬着空棺材回去报信了。后来，虎跳石的名字就传开了。

一边看美景，一边听故事，是不是很美啊？那你还等什么呢，赶快去虎跳峡游玩一番吧！

多情的河流地貌

  高高的巴颜喀拉山中有很多的泉眼，一股股山泉欢快地聚集到一起，向山下跑去。它们一路上呼朋唤友，终于在最后汇聚成滚滚的洪流，它咆哮着、奔腾着，以雷霆之势劈开了大山和峡谷，切断了腾格里沙漠，直到把秦晋高原劈为两半，然后就一路逶迤，汪洋恣肆，缱绻出道道金辉，这就是黄河！

  要说黄河一路上流经了多少区域，改变了多少地貌，实在是数也数不清。一条河的力量就这么大，地球上那么多河流，改变了地球多少原本的模样，又有谁能说得清楚呢？这些不甘寂寞的河流，年复一年地打磨着河岸

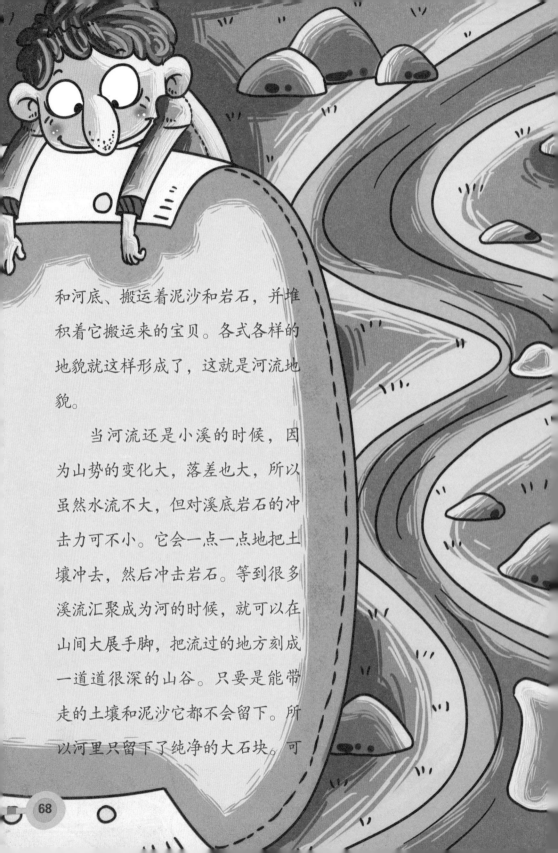

和河底、搬运着泥沙和岩石，并堆积着它搬运来的宝贝。各式各样的地貌就这样形成了，这就是河流地貌。

当河流还是小溪的时候，因为山势的变化大，落差也大，所以虽然水流不大，但对溪底岩石的冲击力可不小。它会一点一点地把土壤冲去，然后冲击岩石。等到很多溪流汇聚成为河的时候，就可以在山间大展手脚，把流过的地方刻成一道道很深的山谷。只要是能带走的土壤和泥沙它都不会留下。所以河里只留下了纯净的大石块。可

即使是这些巨大的石块，它也会不遗余力地一次次冲刷、一次次劈砍直至切开它、粉碎它、移动它，最终带着一起去旅行。这就是上游期的河流的侵蚀和搬运能力。当然在山谷特别深的地方，河流也会慷慨地留下很多泥沙，希望把山谷填平，变成一片平原，自己再绕身而过。这就是河，它会带走也会留下，会劈裂山脊也会填平深谷，真是既可刚又可柔。

处于中游期的河流，水流大了，也冲出了峡谷，它会铺展开很宽阔的河滩，变得雍容华贵，脾气也不再像以前那样有时欢快、有时愤怒了。它的河床日渐光滑洁净，并可以随意曲展。当遇到大的阻碍时，它会分叉；而遇到平缓的地方，它就随意地游荡。你看此时的它，伸展得多么惬意，行走得多么从容。你看那

层层叠叠的水波，搬运和堆积了多少泥沙和卵石，于是到了宽阔地带，放慢速度的它就把这些行囊一股脑地留下，冲积平原、三角洲等杰作也就在此时完成了。

一条河就如同一条线一般在地球上肆意地铺展着，河流地貌随河行走，也随时进行着变换。河水遇山或穿过或绕过，遇谷或劈开或填满，时而化身为一潭幽水，时而倾泻为白练瀑布，时而把高原黄沙卷走，时而改道留下河滩铺就平原。这就是河水最乐意做的事情。

除了这些天然的河，还有一种河是人们挖出来的。为了达到灌溉、运输等目的，人们在不同的地方挖了很多河，为了有效地利用水资源和控制水流量，人们还修建了大坝，并且填湖造田，使河流地貌呈现得更加变化多端。有河的地方就有河流地貌，随着岁月的流逝，有些河流消失了，但河水行走过的地方依然会留下河的印迹来证明这里曾被河水光临过。

人们通过分析河流地貌的成因，了解它的过去和现状后，就能发现和掌握河流的演变过程，更准确地

预测河流的发展变化。这样的研究对当地的水利、交通和生产建设都非常重要。想想我们的黄河，它哺育了中华儿女的千年文明，同时也成了悬在中原大地上的一条天河。曾几何时，黄河决堤，毁了多少家园；曾几何时，它的改道，让依附它的生灵不得不跟随它一同迁徙流浪。对河流地貌的研究很重要也很漫长，需要我们不断地努力。

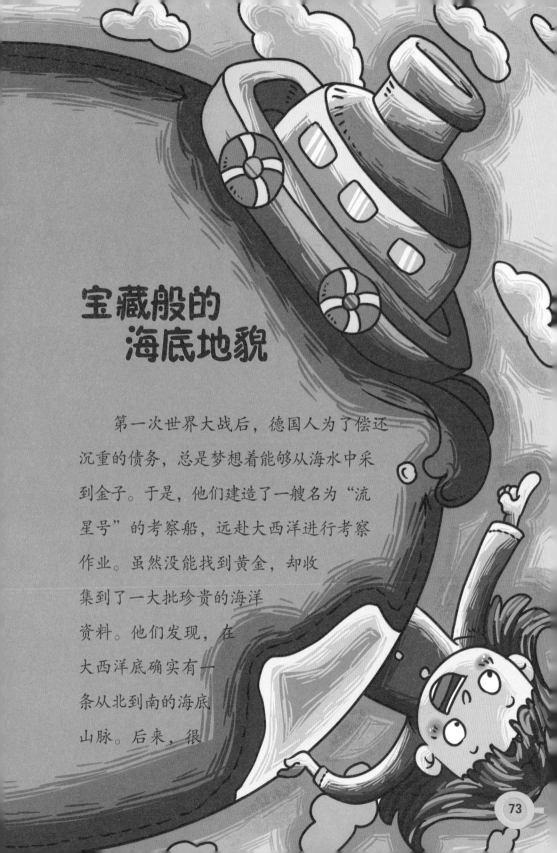

宝藏般的海底地貌

第一次世界大战后，德国人为了偿还沉重的债务，总是梦想着能够从海水中采到金子。于是，他们建造了一艘名为"流星号"的考察船，远赴大西洋进行考察作业。虽然没能找到黄金，却收集到了一大批珍贵的海洋资料。他们发现，在大西洋底确实有一条从北到南的海底山脉。后来，很

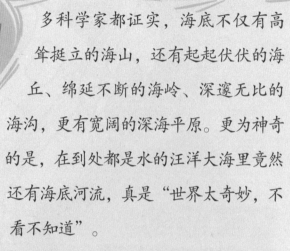

多科学家都证实，海底不仅有高耸挺立的海山，还有起起伏伏的海丘、绵延不断的海岭、深邃无比的海沟，更有宽阔的深海平原。更为神奇的是，在到处都是水的汪洋大海里竟然还有海底河流，真是"世界太奇妙，不看不知道"。

于是，更多人就好奇地提出了一系列问题。例如，海底地貌还会有哪些形态呢？海底温泉是什么样子的？深海平原和陆地平原一样吗？海沟是什么？黑烟囱又是怎么一回事？相关的问题实在太多，人们只能一个个地去解开。

什么是海底河流呢？其实，海底河流就是在重力的作用下，沿着海底的沟沟坎坎流动着的水流。

海底河流像陆地上的河流一样，能够冲出深海平原。深海平原就像海洋世界中的沙漠，多亏了这些海底河渠打破了它的寂静，将营养成分带到了这些深海平原中来。海底河流也有很多分支，它们纵横交错后，又会形成新的冲积平原，它们在有的地方表现得很是心急，在有的地方还会纵身一跳化身为瀑布。真是太不可思议了，有谁能想到，在海底竟然还有平原和瀑布呢？

英国利兹大学科考人员对土耳其附近的海床进行扫描时，发现黑海中有条海底河流，其规模宏大得惊人。

说完海底的河，我们再看看海底的山吧。多年前，美国学者就指出，全球大洋洋底纵贯着一条连续不断的中央山系，即大洋中脊。大洋中脊的规模异常庞大，在浩瀚

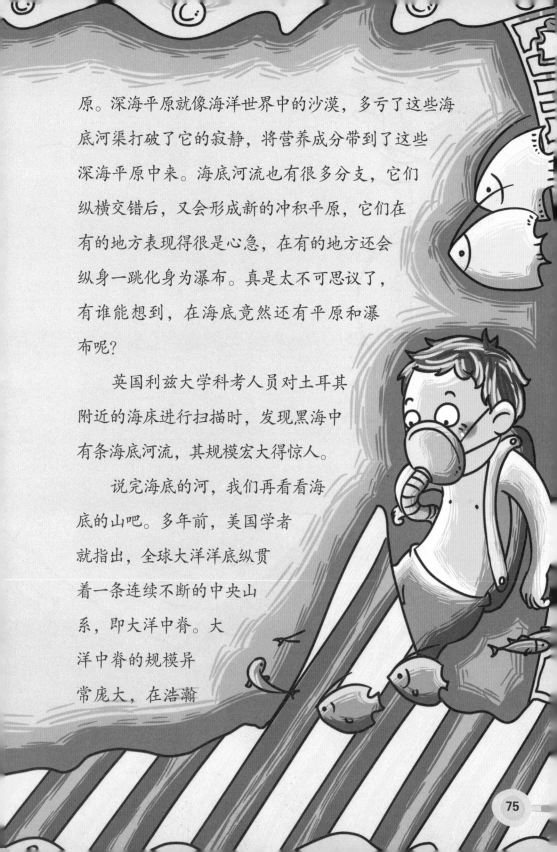

的大海中，它就像是大海的脊梁一般矗立着，众多的生物环绕着它生存、藏匿，演绎着生死决斗。

人们经过细致的测量发现，在大洋中脊上还有一条很宽的裂谷。这可是揭开海底地质演变奥秘的最好地貌。于是人们多次下潜到这处裂谷去进行实地勘测。你想不想将来有一天也能站在它的附近看一看呢？真不知道那个裂缝里会不

会有神仙藏好

的神秘宝藏图呢!

　　说到海底的山,又怎么能不提到海底火山呢?由于地球内部的温度很高,压力极大,所以岩石在高温下会变成通红的炽热液体,从地下喷发出来,汇成一条沸腾的河流奔涌向前。直到岩浆逐渐冷却,形成玄武岩或者橄榄石。人们如果敢忽视它释放出来的有毒气体,那可就是自找倒霉了。这种有毒的气体会像水中的气泡一样上升到岩浆表面并被释放出来。这就是人们看到

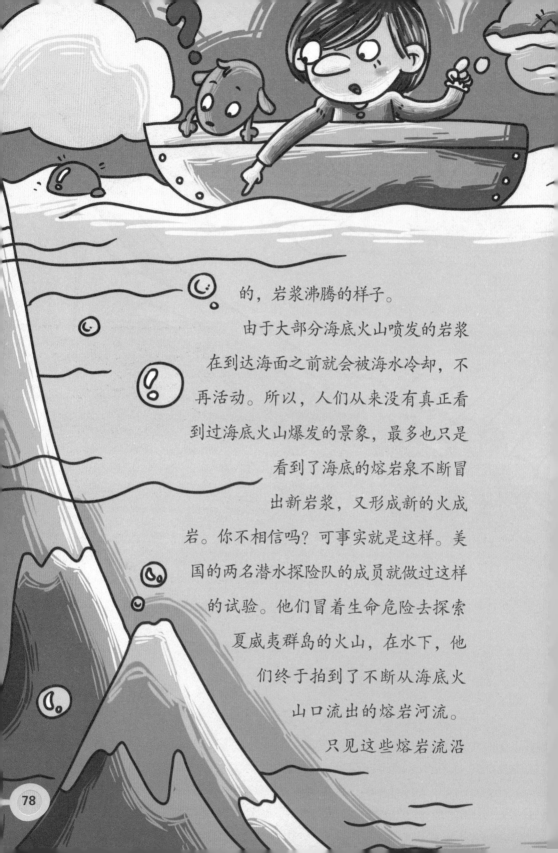

的，岩浆沸腾的样子。

由于大部分海底火山喷发的岩浆在到达海面之前就会被海水冷却，不再活动。所以，人们从来没有真正看到过海底火山爆发的景象，最多也只是看到了海底的熔岩泉不断冒出新岩浆，又形成新的火成岩。你不相信吗？可事实就是这样。美国的两名潜水探险队的成员就做过这样的试验。他们冒着生命危险去探索夏威夷群岛的火山，在水下，他们终于拍到了不断从海底火山口流出的熔岩河流。

只见这些熔岩流沿

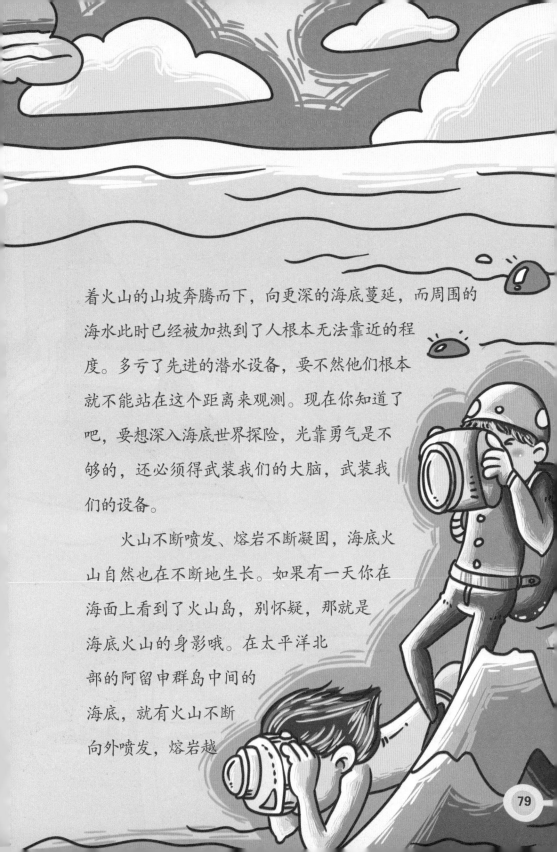

着火山的山坡奔腾而下，向更深的海底蔓延，而周围的海水此时已经被加热到了人根本无法靠近的程度。多亏了先进的潜水设备，要不然他们根本就不能站在这个距离来观测。现在你知道了吧，要想深入海底世界探险，光靠勇气是不够的，还必须得武装我们的大脑，武装我们的设备。

火山不断喷发、熔岩不断凝固，海底火山自然也在不断地生长。如果有一天你在海面上看到了火山岛，别怀疑，那就是海底火山的身影哦。在太平洋北部的阿留申群岛中间的海底，就有火山不断向外喷发，熔岩越

积越多，于是面积不大的小火山岛就出现在了海面上。在澳大利亚东岸的太平洋上有一个叫作法尔康的小岛，它曾经神奇地消失，然而多年后又不打招呼地重新冒出了海面。这座火山岛简直就像是在海中和人们捉迷藏，真是既神奇又有趣！

　　了解了海底的河，海底的山，你是不是已经发现了，海底地貌虽然与陆地地貌有相似的地方，但它们其实有着天壤之别呢。们现在了解到的只是海底地貌的冰山一角，若想了解得更多，就需要我们以后更加勤奋地去钻研啦！

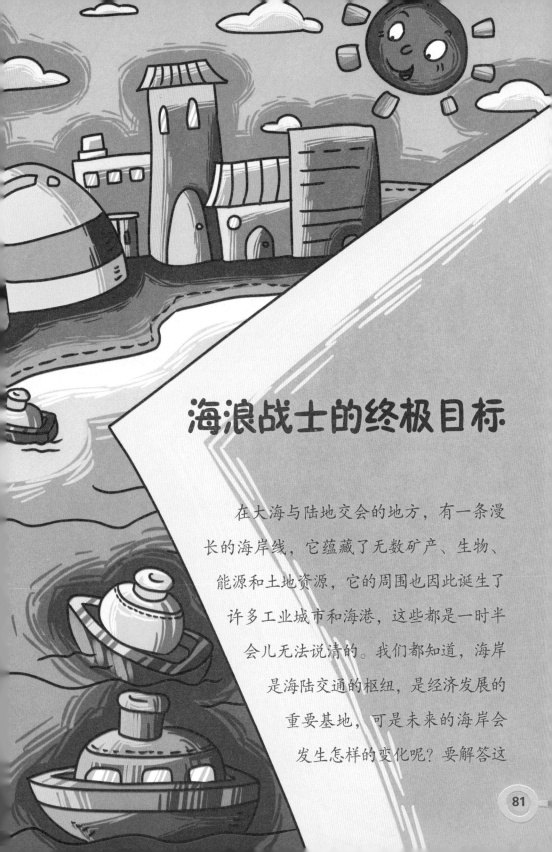

海浪战士的终极目标

在大海与陆地交会的地方，有一条漫长的海岸线，它蕴藏了无数矿产、生物、能源和土地资源，它的周围也因此诞生了许多工业城市和海港，这些都是一时半会儿无法说清的。我们都知道，海岸是海陆交通的枢纽，是经济发展的重要基地，可是未来的海岸会发生怎样的变化呢？要解答这个问题，我们就需要先认真地了解一下海岸地貌的现在和过去，这样才能更准确地预测它的明天。现在我们就一起去了解一下吧。

什么是海岸地貌呢？海岸地貌就是海岸在构造运动中形成最初的模样后，又在风、浪、雨等的共同作用下最终形成的各种地貌的总称。俗话说："罗马不是一天建成的。"海岸地貌何尝不是如此呢？现代海岸的形成可不是一朝一夕的事情，而是与第四纪时期的冰期和断断续续的间冰期的不断更换有关。海平面时而上升时而下降，海浪时而进时而退，都导致海岸处于不断的变化中。海浪的执着是不是很令人敬佩啊？它就

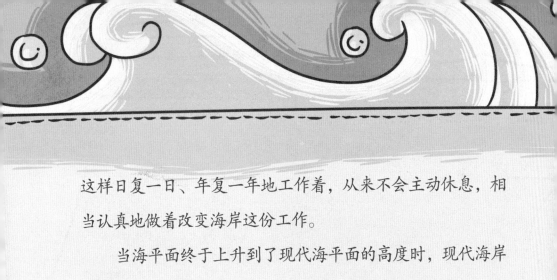

这样日复一日、年复一年地工作着，从来不会主动休息，相当认真地做着改变海岸这份工作。

当海平面终于上升到了现代海平面的高度时，现代海岸的基本地貌也就定下来了。不过，不管是昨天还是今天，波浪、潮汐和海边的生物还有气候等对海岸的改造会一直进行下去。不管到哪天，相信海浪、风雨和阳光都不会放弃自己改造地貌的理想。

海浪把自己从海底带来的泥沙和从岩石上剥夺来的碎屑一同裹着，沿着岸边不停地流浪，直到私藏行李的浪潮终于流浪累了，才不得不留下这些碎屑和泥沙，万

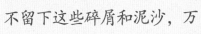

分不舍地悄悄退去。然而浪潮永远都是一个贪心的战士，它在汇合同伴后又一次冲向岩石，夹沙裹泥地去重新寻找自己藏宝的好地方，直至形成新的堆积地貌为止。所以，人们常把潮流比喻为泥沙运移的主要干将。

那些被波浪和潮流不断侵蚀的地方往往会形成海蚀洞、海蚀崖、海蚀平台和海蚀柱等。这些侵蚀地貌总让人感觉到一种亘古的沧桑和坚强。

海岸地貌是多种多样的。在热带和亚热带的海域，有着美丽的珊瑚礁海岸；在盐沼植物广布的海湾和潮滩上，又有着迷人的红树林海岸。因为生物的不断繁殖和新陈代谢，它们对海岸岩石分解和破坏作用也不容小瞧，它们为了让海岸改头换面而不遗余力地努力着。由于气候的差异，温度、降水、风速等因素也各不相同，致使海岸地貌在不同的地域都有着不同的特色。

人们研究海岸地貌，密切关注着它的演变过程，不断参与着建设、围垦和发掘，明天的海岸会是什么样子呢？人们一直在不断描绘着、猜想着。

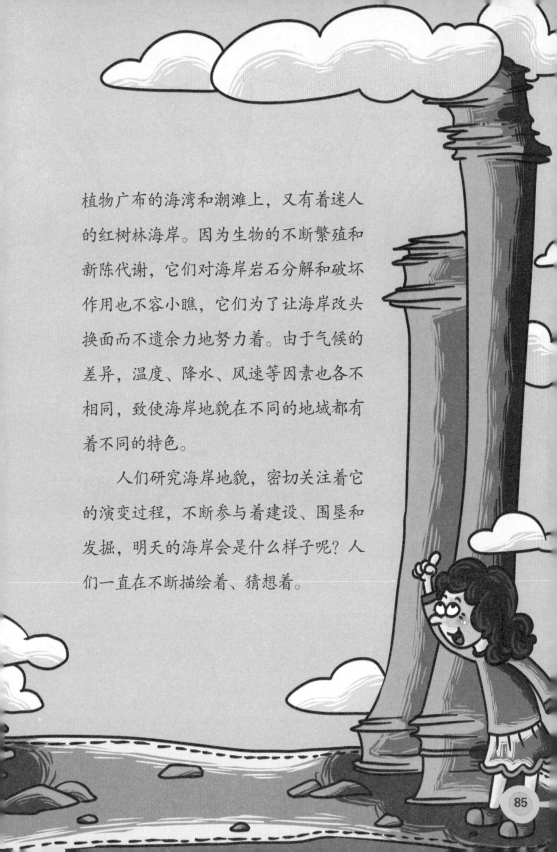

弯腰拱背话地貌

　　如果有人问你一个苹果是由哪几部分构成的，相信你肯定会笑，因为这个问题实在是太简单了，不就是由苹果皮、苹果肉、苹果核组成的吗？但是，如果我把问题换作地貌的具体构造是什么，这个问题就变得抽象了。构成地貌的因素既包括地壳构造运动形成的大陆和大洋，也包括高原和高山，更包

括火山、盆地等。从这里我们可以看出，构造地貌有一个从大到小细分的过程，当然也有的是指其结构的划分。大陆、大洋这些很好理解，但要理解褶皱山这类地貌形态就有些困难了，下面就让我来试着为你解释一下吧。

　　想象一下，如果我们在手中拿一张纸，把它揉成一团，这张纸原本平整的表面上是不是会出现很多褶皱？同样的道理，坚硬的岩石在受到地壳内部的挤压后，岩层不但会发生褶皱，同时还会往上升，形成山岭。而且，我们得承认，它从地表硬挤出来的时候受到的阻力可是相当的大。

　　在漫长的岁月里，褶皱的岩石即使在风吹、日晒、雨打的影响下会改变些模样，但是岩石本身独有的褶皱纹理却不会改变。褶皱山是地球上最为常见的山脉，可分为简单褶皱山和复杂褶皱山两种。简单褶皱山的坡度一般较缓，例如重庆的歌乐山。复杂褶皱山的坡度则很陡峭，它更加高大雄伟，喜马拉雅山和阿尔卑斯山就是典型的复杂褶皱山。

　　在构造地貌中还有一种背斜山。说到背斜山，我们首先得明确一个概念，那就是什么叫作背。和我们人体一样，山体也有背部哦！我们在受到攻击时为了减小受力面，往往会弯腰缩背。不过，向前弯腰很容易，向后弯则很难，在向前

弯的时候，背部通常是最高的地方。人们将山脉在形成过程中受到挤压，最先露出地面的部分形象地称为背。就像人弯下腰的背部一样，山的背部不是一个高高的平台，而是具有一定的坡度和倾斜度。这样解释你就好理解了吧？有了对我们人体弯腰姿态的观察，就很容易理解背斜山的形态了。

背斜山在形成的过程中，如果继续受到挤压，最上面的岩层就有可能发生断裂，而下面的岩层则仍保持完整，这种构造地貌依然叫作背斜山。很多背斜山在形成后，随着不断的成长又会发生很多新的变化，构成新的山体形态。例如，

如果背斜山的断裂太多，就会受到雪水、雨水、风等各种外力的侵蚀，最后由山变成谷。

说完背斜山，再来说说与它相对应的向斜山吧！有了背的概念，"向"就更好理解了，我们通常将前面称为"向"。同样用弯腰的动作来解释吧！弯腰时，前胸自然是收缩进去的。向斜山就是以背斜山为基础的，因为背部山体的裂缝过多导致了岩石疏松，在外力的风吹雨打中不断被剥蚀搬运，高高的背脊竟然变得比原本

向斜的那一面还低。此时的山体就成了向斜山，这倒真应了那一句俗语，风水轮流转。我国杭州灵隐寺附近的飞来峰就是一座典型的向斜山。现在你了解了它的形成原因，下次揣着这样的知识再去那里游玩，相信你一定会产生不同的感受。

了解了这些构造地貌的理论知识后，我们再结合一些具体的地方来感受一下构造地貌的神奇吧！

死人谷位于美国西部内华达山脉的东侧。它的两侧悬崖陡立，人们在那里简直是寸步难行。它在很早以前曾是碧波荡漾的大湖，可谁能想到，因为干旱的原因，这里现在竟然变成了沙漠。这里是美国大陆的最低点，因为地势太低，谷底的热量无法有效地散失，于是这里成了名副其实的"火沟"。谷底富含硫元素，遇到高温就生成大量有毒的气体。人一旦误入此谷，很难生还。所以，这里绝对是真实的"死人谷"，而非科幻小说的杜撰。

领教了"死人谷"的可怕，我们再去看看"万烟谷"有什么不同。

"死人谷"是由湖变身为"火沟"的，而"万烟谷"却和火山有关。它位于美国的阿拉斯加半岛，与卡特迈火山离得很近。在很多年前的火山爆发中，喷薄而出的火山灰把相距很远的小岛整个覆盖了。几年后，当人们来到此地考察时，发现火山西北的山谷中，数以万

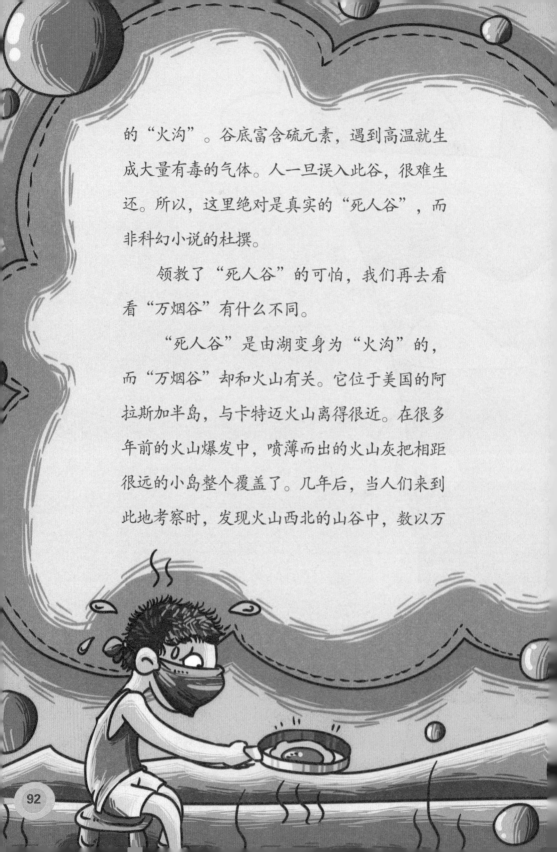

计的烟柱袅袅升腾，场面十分壮观。于是，人们就为这里取命为"万烟谷"。

构造地貌中形形色色的地貌很多，我们现在只是浮光掠影地看了一点皮毛。要想得到更大的收获，还得更加深入地去学习才行。

"死人谷"名字的由来

你知道"死人谷"的名字是从哪得来的吗？告诉你吧，这个名字实际上是一队旅行者取的。

1849年，这些人准备去往加利福尼亚的金矿区，打算从这里抄近路。但谁也没有想到，他们竟然差一点就全军覆没。到最后，仅有少数几名队员侥幸得以生还。这几名生还者在离开前悲痛地对着山谷发出诅咒，并为其命名"死人谷"。

危险之后的重力地貌

　　山坡上的岩石、土块，由于风吹日晒，不断被风化成碎屑或者变得松动，有的慢慢往坡下移，有的突然滚落，有的瞬间崩裂，这些现象造成了无数隐患，真让人有些不安。在暴雨倾盆的时候，山洪更是会裹夹着泥浆、巨石一块儿奔腾而下，淹没村庄，摧毁房屋，让无数生灵在瞬间消失得无影无踪。这样的灾难实在是让人无法承受。而这些灾难最终会导致许多不同的重力地貌形成。

　　今天，山脚下那一堆堆凌乱叠加的石堆，就是最常见

的重力地貌。为了开发更多的资源，使生活变得更加方便快捷，开山劈路已经成了现代人最常做的事。但这样做加速了对山坡边缘的破坏，电视上关于山体崩塌事故的报道也越来越多。试想，如果公共汽车正盘旋在山道上，陡峭的山壁间突然有一块大石头崩落，正巧砸在满载着人的车上，那该有多危险啊！更别说那些常年生活在山里的人家了，山体突然崩塌将带给他们怎样的灾难啊！地震或大暴雨过后，山区的受灾情况往往最为严重。从古至今，我们祖祖辈辈都在研究这些自然现象，就是因为它们与我们生活的关系太密切了。

那么，影响重力地貌形成的因素都有哪些呢？

通过长期的观察研究，人们总结出，山体崩塌主要是由地形、地质、气候，还有诱发这四种因素造成的。简单地说，地形因素就是地面的坡度和长度，如果坡太陡，崩塌的可能性自然就大。那什么是地质因素呢？笼统地说就是岩石本身的结构和软硬程度。气候因素很容易理解，暴雨狂风、酷暑严寒这些情况都可能造成岩石热胀冷缩，加速对岩石的风化侵蚀，从

而导致崩塌。那诱发因素又是指什么呢？地震、爆破、开挖和开垦这些都是诱发因素。对于最后一条，我们更应该深思。那么，该怎么去建设我们唯一的家园——地球呢？

别的地方暂不说，就说说长江三峡吧。

长江三峡两岸的山体崩裂更为常见，因为山体斜坡过于陡峭，很多大岩块就像张开了一个大嘴巴，当地人把这样的山叫作裂口山。

裂开了口，可就随时都有了崩塌的可能。想想看，每天在江面上来来往往的船只不就像头顶上时刻悬了无

数颗炸弹吗？

据史料记载，链子崖危岩体曾发生过多次崩滑，造成了长江很多年的断航。为了降低灾害，人们经过多年的努力，终于找到了一种较为有效的方法。人们用钢锚索把裂缝处的危险岩石穿在比较稳定的山体上，这样就可以有效地避免裂缝再继续变大。对于山里面那些窑洞还要赶紧进行回填，这里所说的回填当然不是把开采出来的煤再装回去，而是要用混凝土进行回填塞满。另外，人们在比较危险的山坡还采取了修筑排水沟等保护措施，有些地方甚至干脆修建了拦石坝工程。这么多种手段一起上阵，就是为了防止崩塌的石块给航运、行人和居民带来危险。

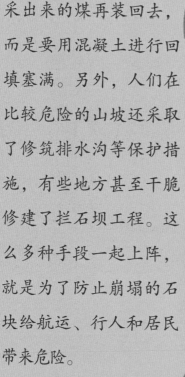

　　无论是崩塌，还是滑坡、泥石流，重力地貌都是一个不容忽视的现象。有兴趣的小朋友可以进一步地去了解它，说不定，你将来还能成为这方面的专家呢！

巧夺天工的喀斯特地貌

　　"如果说北方的山是豪迈厚重的，那么桂林的山则显得妩媚秀美。玉女峰婷婷玉立，巧梳云鬓；望夫崖凝神远眺，深情守候。"这里描写的就是桂林，桂林的美很多人都见过，但是桂林为何那么美，它的地貌是如何形成的，恐怕很

多人都说不出来了。其实桂林是典型的喀斯特地貌，桂林山水的特点很好地反映了这一地貌的特点。什么是喀斯特地貌呢？

喀斯特地貌又称岩溶地貌，可溶性的岩石长期受到流水的溶蚀形成的地面和地下的形态都属于喀斯特地貌。它的名字来源于南斯拉夫西北部伊斯特拉半岛的碳酸盐岩高原，"喀斯特"的原意是岩石裸露的地方。地面上的石

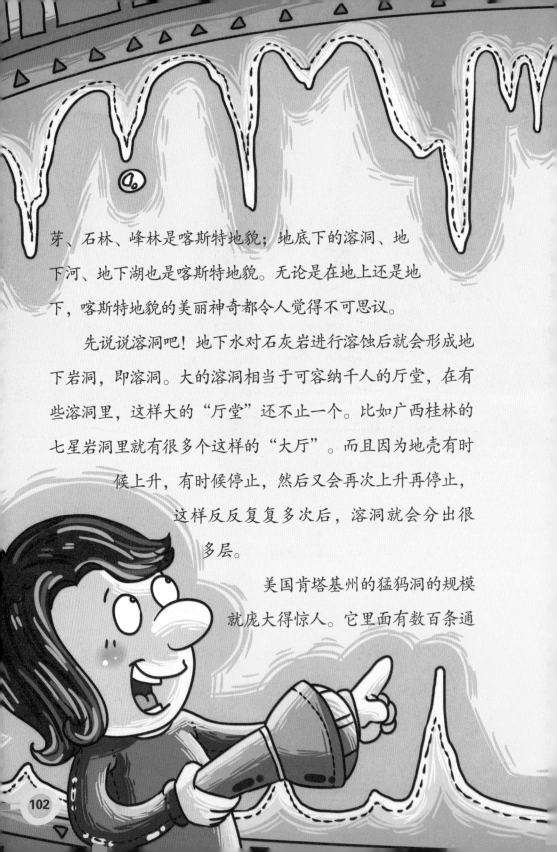

芽、石林、峰林是喀斯特地貌；地底下的溶洞、地下河、地下湖也是喀斯特地貌。无论是在地上还是地下，喀斯特地貌的美丽神奇都令人觉得不可思议。

先说说溶洞吧！地下水对石灰岩进行溶蚀后就会形成地下岩洞，即溶洞。大的溶洞相当于可容纳千人的厅堂，在有些溶洞里，这样大的"厅堂"还不止一个。比如广西桂林的七星岩洞里就有很多个这样的"大厅"。而且因为地壳有时候上升，有时候停止，然后又会再次上升再停止，这样反反复复多次后，溶洞就会分出很多层。

美国肯塔基州的猛犸洞的规模就庞大得惊人。它里面有数百条通

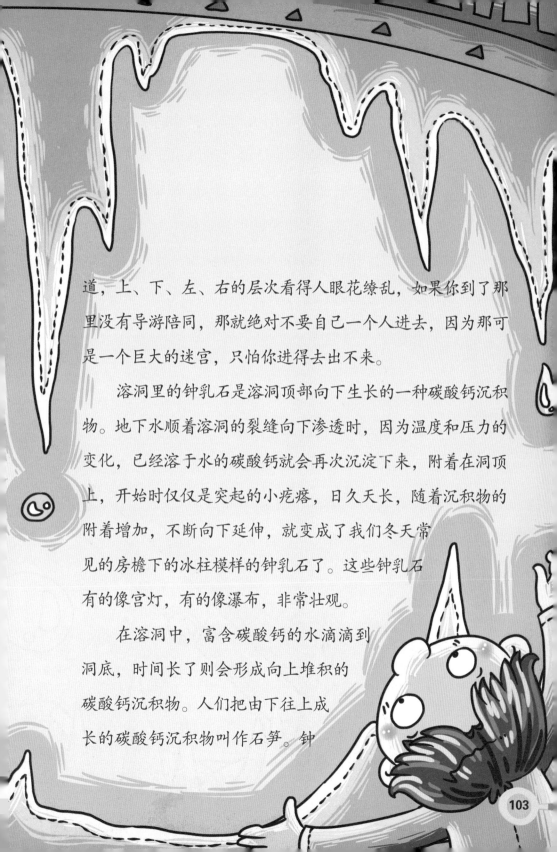

道，上、下、左、右的层次看得人眼花缭乱，如果你到了那里没有导游陪同，那就绝对不要自己一个人进去，因为那可是一个巨大的迷宫，只怕你进得去出不来。

溶洞里的钟乳石是溶洞顶部向下生长的一种碳酸钙沉积物。地下水顺着溶洞的裂缝向下渗透时，因为温度和压力的变化，已经溶于水的碳酸钙就会再次沉淀下来，附着在洞顶上，开始时仅仅是突起的小疙瘩，日久天长，随着沉积物的附着增加，不断向下延伸，就变成了我们冬天常见的房檐下的冰柱模样的钟乳石了。这些钟乳石有的像宫灯，有的像瀑布，非常壮观。

在溶洞中，富含碳酸钙的水滴滴到洞底，时间长了则会形成向上堆积的碳酸钙沉积物。人们把由下往上成长的碳酸钙沉积物叫作石笋。钟乳石和石笋上下相对，错落有致，美不胜收。当钟乳石和石笋对接在一起时便形成了顶天立地的大石柱。而且这些石柱的表面因为溶解物的作用又会生成许多奇形怪状的图案，有的像动物，有的像植物，你的想象力有多大，大自然的创造力就有多丰富。

介绍完溶洞里的风光，我们再去看看石林吧！石林是陡峭的石峰林立在地表所产生的喀斯特地貌。

石灰岩地层在地壳运动中，因为产生了很多裂缝，含酸的水渗入裂缝后就会继续侵蚀，加大这些裂缝成为沟和谷，最后只留下陡峭的岩石，形成石林。我国云南石林的每座山峰、每块石头都是那样地独一无二，绝

不雷同。有的如鸟似兽，有的如物像人。处处都是危岩欲坠，步步都是惊心动魄。

如果说石林给人的感觉是惊、是险，那么桂林的山水则带给人无尽的美感。喀斯特地貌那壮美的景观引发了无数游人的奇思妙想，让无数人流连忘返。

地上的云彩
石上的霞

传说曾经有一位仙人，他把自己心爱的一切都拿了出来，并用天空中最美的云霞把这些东西包裹起来。做完这些后，他就偷偷地隐在了幽谷，隐在了人间，有时变作白云，有时变成流水。可是有一天，喜欢云游天下的神仙却再也离不开一个地方了，这个传说中的地方有一种十分美丽的地貌，这种美丽的地貌叫丹霞。这位神仙因为爱上了这里，于是化作一抹云彩长住于此了。

　　丹霞地貌始于第三纪晚期的喜马拉雅造山运动中，由于部分红色地层变形，原来是盆地的地方不断上升，红色地层又沿着垂直的方向受到重力的因素和风雨的侵蚀，就形成了深沟、残峰、石墙、石柱、石芽、溶洞等多姿多彩的地貌形态。丹霞地貌让世人感受到了大自然的鬼斧神工。

　　丹霞地貌主要分布在中国、美国西部、中欧和澳大利亚等地，在中国的分布面积最为广阔。中国的丹霞地貌也引起了世界各地地质学家的浓厚兴趣。

　　最早以"丹霞地貌"命名的

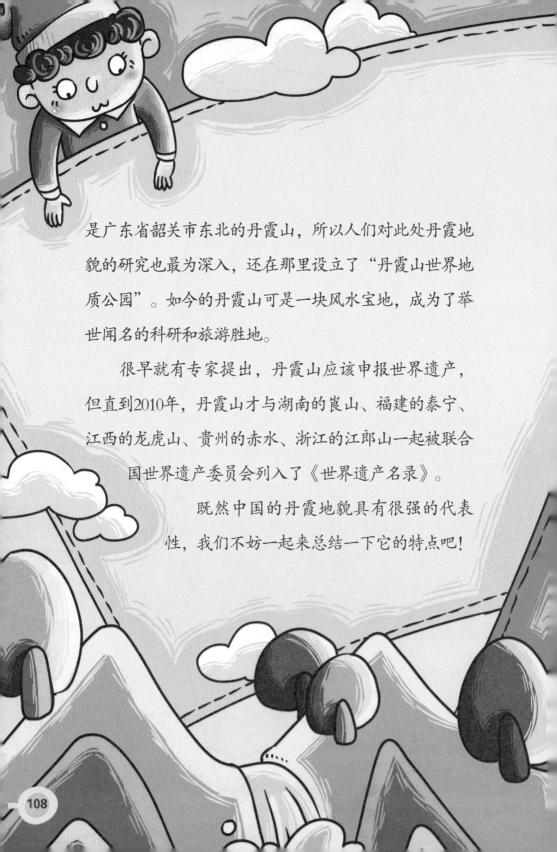

是广东省韶关市东北的丹霞山，所以人们对此处丹霞地貌的研究也最为深入，还在那里设立了"丹霞山世界地质公园"。如今的丹霞山可是一块风水宝地，成为了举世闻名的科研和旅游胜地。

很早就有专家提出，丹霞山应该申报世界遗产，但直到2010年，丹霞山才与湖南的崀山、福建的泰宁、江西的龙虎山、贵州的赤水、浙江的江郎山一起被联合国世界遗产委员会列入了《世界遗产名录》。

既然中国的丹霞地貌具有很强的代表性，我们不妨一起来总结一下它的特点吧！

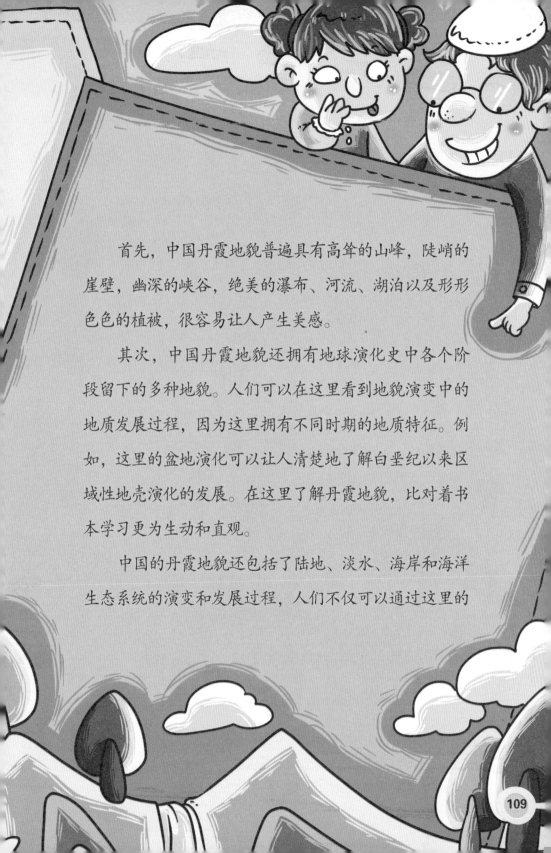

首先，中国丹霞地貌普遍具有高耸的山峰，陡峭的崖壁，幽深的峡谷，绝美的瀑布、河流、湖泊以及形形色色的植被，很容易让人产生美感。

其次，中国丹霞地貌还拥有地球演化史中各个阶段留下的多种地貌。人们可以在这里看到地貌演变中的地质发展过程，因为这里拥有不同时期的地质特征。例如，这里的盆地演化可以让人清楚地了解白垩纪以来区域性地壳演化的发展。在这里了解丹霞地貌，比对着书本学习更为生动和直观。

中国的丹霞地貌还包括了陆地、淡水、海岸和海洋生态系统的演变和发展过程，人们不仅可以通过这里的

常绿阔叶林研究东南季风对生物群落的影响，还能看到冰川后期一些生物的演变痕迹。最为难得的是，这里还是很多濒危物种的栖息地。如此有价值的地方，简直就是纯天然的生物博物馆，它和谐的生态环境可不是人工所能创造的。所以中国丹霞被称为"人类共同的财富"，如何进一步保护和开发它是所有人关心的问题。

雅丹地貌的密钥

听到"雅丹"这个词，你或许会有些不知所云，"雅"也许会让你想到"高雅"，那"丹"是指"红色"吗？如果这样想，那你就错了，"雅丹"这个词来自维吾尔语，它的原意是"陡峭的小丘"。你或许还有些疑惑：小丘我见过，不就是小山坡或者小土坡吗？是的，"雅丹"含有一些这个意思，但是在它前面加上"陡峭"肯定又有些出乎你的意料了，这种叫作"雅丹"的"陡峭的小丘"到底是什么样子呢？它

是怎样形成的呢？世界上又有哪些地貌属于"雅丹地貌"呢？别急，下面我们就一起去找寻这些谜题的答案。

就在20世纪初，一些到罗布泊地区考察的中外学者，在罗布荒原中发现了一些面积很大隆起的土丘。他们感觉有些奇怪，就问向导这儿的地名，可向导却误以为是询问这种地貌在当地是如何称呼的，于是就按照当地的维吾尔语给出了Yardang的答案。就这样，国外的地质学家就把Yardang作为这种地貌的名字流传开了。后来的学者在将其译回中文时，又翻译成了"雅丹"。

了解了雅丹名字的由来，可能你会问：雅丹地貌为什么会在中国的罗布荒原里出现呢？要想解开这个谜题，我们就得先看看"雅丹地貌"在什么样的情况下才会形成。

我们知道，在干旱区的湖泊里，湖水有时有，有时没有，这种断断续续、反反复复的水进水退，就会在湖底形成上下叠加的泥岩层和沙土层。当强劲的风和流水逐步带走疏松的沙土层后，就留下了坚硬的泥岩层和石膏。当然，即使是这样被长

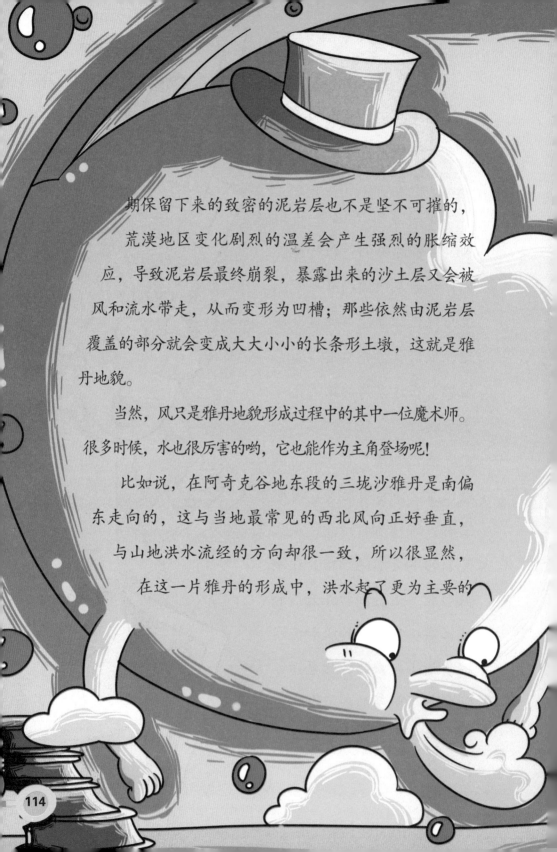

期保留下来的致密的泥岩层也不是坚不可摧的，荒漠地区变化剧烈的温差会产生强烈的胀缩效应，导致泥岩层最终崩裂，暴露出来的沙土层又会被风和流水带走，从而变形为凹槽；那些依然由泥岩层覆盖的部分就会变成大大小小的长条形土墩，这就是雅丹地貌。

当然，风只是雅丹地貌形成过程中的其中一位魔术师。很多时候，水也很厉害的哟，它也能作为主角登场呢！

比如说，在阿奇克谷地东段的三垅沙雅丹是南偏东走向的，这与当地最常见的西北风向正好垂直，与山地洪水流经的方向却很一致，所以很显然，在这一片雅丹的形成中，洪水起了更为主要的作用。当然，大自然的力量总是相互转换的，也有些雅丹地貌是风和流水共同作用下的产物。

知道了雅丹地貌的形成原因，我们再一起走进新疆地区，实地考察一番吧。

我国新疆的风那可不是一般的大。新疆因为地域辽阔，四面环山，而南北两边都有较大的山口，这样就形成了一个风口袋，来自大西洋和北冰洋的冷空气在这里汇集后集中风力从山口闯进新疆的北部，然后一路呼啸着绕过天山的东段，直达塔里木盆地。大风在这里横扫它经过的每一个地方，使得这些地方一年中1/3的时间都被狂风统治着。这样的结果就是把我国新疆罗布泊古湖盆的东、西、北部，"吹"成了3000多

平方千米的雅丹地貌。

罗布荒原的雅丹地貌同样分为三种情况：一种是以风力侵蚀为主，一种是以水流侵蚀为主，还有一种就是风和水共同作用形成。

以风蚀作用为主形成的雅丹，主要分布在距离山区较远的平原地带，因为山区降水所形成的洪水一般都无法到达这里，一马平川的平原让风在这里大展神威。这一类雅丹集中分布在孔雀河以南到楼兰遗址一带，与当地的主要风向非常一致，楼兰古国和那里的雅丹地貌共同演绎着传奇。

　　由风和水共同作用形成的雅丹地貌有著名的白龙堆雅丹和龙城雅丹。那里的雅丹留下了明显的流水痕迹。可以看出是因为流水先将平坦的地表冲成了无数的沟谷，再经过风的打磨，最后形成了今天的地貌。这一片雅丹的走向，既与洪水沟的走向很一致，又与当地盛行的风向一致，这不正好说明二者对它的影响都很大吗？

　　你可千万别以为只有新疆才有雅丹哦，在中国的其他地方也有很多雅丹地貌。世界上很多沙漠附近也有许多雅丹地貌，比如说非洲乍得盆地的特贝斯荒原上就有雅丹群，那也

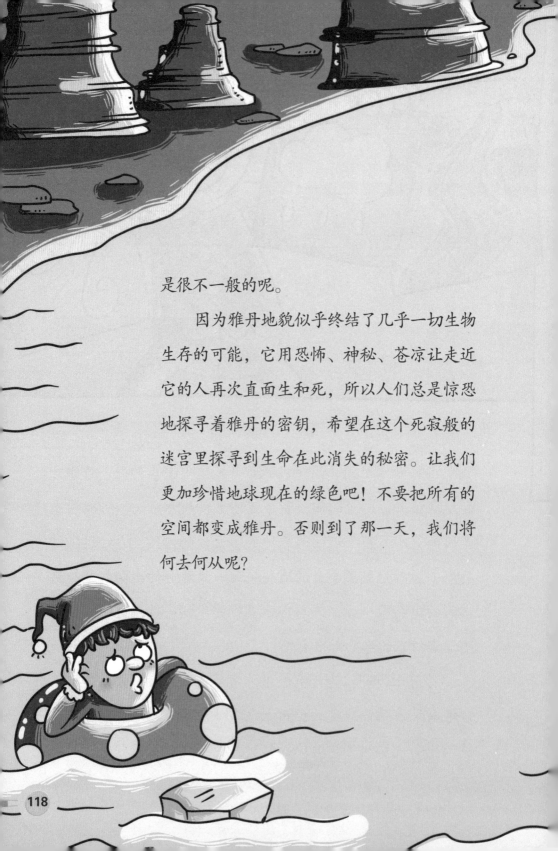

是很不一般的呢。

因为雅丹地貌似乎终结了几乎一切生物生存的可能，它用恐怖、神秘、苍凉让走近它的人再次直面生和死，所以人们总是惊恐地探寻着雅丹的密钥，希望在这个死寂般的迷宫里探寻到生命在此消失的秘密。让我们更加珍惜地球现在的绿色吧！不要把所有的空间都变成雅丹。否则到了那一天，我们将何去何从呢？

庞大的巨人会隐身

水是最擅长隐身的骑士，即使是冰山有时也会隐身哟。因为冰山的隐身术，多少轮船遭了殃，船毁人亡。著名的泰坦尼克号就是被冰山给撞沉的，这样的事件在历史上数不胜数。那么时隐时现的冰山是从哪里来的呢？这就得从冰山地

貌慢慢说起了。

　　冰川是沿着地面倾斜方向移动的巨大冰体。它就像一条由固体的冰组成的移动的河。只是这条河的运动速度一般情况下并不快。它们大多分布在极地和高山地区，这些地区因为太冷，一般不会下雨，而是经常下雪，当雪积蓄到一定厚度的时侯，就会挤压成冰川冰，沿着地表缓慢移动，形成冰川。下面，就让我们先来一起认识一下大陆冰川和山岳冰川吧！

　　　　　　　　大陆冰川主要分布在格陵兰岛和南极大陆，它就像一个巨大的"冰盖"，只是这层冰盖实在太厚了。它到底有多厚呢？

告诉你吧，它的厚度足有2000米至4000多米，简直让人无法想象。这里四周全是白晃晃的，十分刺眼，到处都是茫茫的冰雪，很难见到地表的岩石。在这个冰盖上面，有的冰会沿着冰体的凹地慢慢流动，形成冰川。在这条冰河样的冰川两岸，冰帽会自然地雕塑出冰洞、冰钟乳、冰笋和冰柱。哈哈，想象一下，在一片晶莹剔透中居然能显现出那么多奇怪的形状，是不是很好玩?

　　令人不可思议的是，这个巨大超厚的的大冰帽时时刻刻都在进行着神不知鬼不觉地流动，接近海洋的部分，海水会让它一点点断裂，成为一座座冰山，漂浮在海面上。这些冰山不仅数量多，而且体积都很巨大。这些自由漂浮在海面上

的冰山时隐时现，给海上航行的轮船带来了巨大的威胁。

冰山给海洋补充了大量的淡水，它自身也会从空气中获得很多矿物质。在吸收融合后它又会重新释放出大量的富含营养物质的粉末，这就为海中的浮游植物提供了充分的养料，所以当你看到一些有植物的小岛时，你很可能上当，因为它们其实不是岛，而是冰山。也许有一天，在你不注意的时候，它就会融化消失。

简单介绍完大陆冰川，下面，我们再来看看山岳冰川吧。山岳冰川主要分布在亚欧大陆那些高山地区。这些冰川的厚度和规模显然不如大陆冰川，但它的流动速度却要比大陆冰川快得多，因为山地的坡度要比大陆大。下面，我们就以格尔木市唐古拉山乡境内的各拉丹东冰川来具体了解一下山岳冰川的特点吧。

"各拉丹东"在藏语里的意思是"又高又尖的山峰"。它有两条半弧形的大冰川，冰川下面常常有高耸的冰塔林。在冰塔林当中又有高耸入云的冰柱、形态逼真的冰笋、长长的冰桥以及怪诞神秘的冰洞。那里处处变化莫测，又处处都冰清玉洁、冷艳绝伦，简直就是奇美无比的艺术长廊。

冰塔林是巨大的冰川在重力的作用下，沿着山谷向下移动时产生的。由于山体高低不平，冰川在下滑中就会产生褶皱和裂隙。对着太阳的那面因为受热较多，消融得就比较快，而背着太阳的那一面，则消融得比较慢，这样就形成了很多深沟。随着下滑的进程，凸起的部分会变得更尖，凹下去的部分则会更深，千姿百态的冰塔林就这样形成了。在这水晶般的世界里，晶莹剔透的"宫殿""宝塔"在阳光的晨起和夕落中又会变幻出不同的色泽，时而幽远静穆，时而神圣庄严，让人遐想万千。

神奇的冰川地貌吸引着越来越多的人们前去探险科研，去体味最为神圣的大自然的奥妙。